U0623857

名句故事绘

颜氏家训

名句

谢小庚/编译

天地出版社 | TIANDI PRESS

图书在版编目（CIP）数据

《颜氏家训》名句 / 谢小庚编译. —成都：天地出版社，
2013.1（2019.12重印）
（国学名句故事绘）
ISBN 978-7-5455-0785-0

Ⅰ.①国… Ⅱ.①谢… Ⅲ.①《颜氏家训》—名句—鉴
赏 Ⅳ.①B823.1

中国版本图书馆CIP数据核字（2012）第215180号

《YAN SHI JIA XUN》MINGJU
《颜氏家训》名句

出 品 人	杨　政	
作　　者	谢小庚　编译	
策　　划	李　云	
组　　稿	李　云	李婷婷
责任编辑	李婷婷	
责任校对	程　于等	
封面设计	云文书香	
电脑制作	跨　克	
责任印制	田东洋	
出版发行	天地出版社	
	（成都市槐树街2号　邮政编码：610014）	
网　　址	http://www.tiandiph.com	
电子邮箱	tianditg@163.com	
印　　刷	山东省东营市新华印刷厂	
版　　次	2013年1月第一版	
印　　次	2019年12月第五次印刷	
成品尺寸	160mm×215mm　1/28	
印　　张	5	
字　　数	88千	
定　　价	25.00元	
书　　号	ISBN 978-7-5455-0785-0	

咨询电话：（028）87734639（总编室）

前　言

在去古已远的今天，我们如何才能触摸到遥远时空中的心灵？

随意翻阅经史典籍和诗词歌赋，我们可以看到大时代下的战火蔓延、政权更迭，也可以看到小庭院里的莺歌燕舞、赏心乐事。然而经历几千年时光的洗汰，普通人的存在是如此散乱、微小而模糊：多数成为历史车轮下的碎片，只有少数留下吉光片羽，却也语焉不详。我们很难察觉到古人心灵的细微变化，也很难从某一个体身上，发掘出我们民族的心灵成长史。

《颜氏家训》则是一个例外。我们发现，在距今一千五百多年的南北朝，生活着这样一位循循善诱的父亲。他经历了三次亡国之痛，在南渡北迁的漂泊中，见证了版图分裂的时代下无数人的生死荣衰。他以切身的体验和见闻告诫自己的子孙，如何修身、如何处世、如何为学、如何治家。

这也是一部饱含深情而充满智慧的家书，写给我们世世代代的华夏儿女。不妨抽出半刻闲暇，在此书间游目骋怀，感受慈父般的叮咛，得到为人处世的教益。

此次，《颜氏家训》被收入"国学名句故事绘"第二辑丛书中。因其内容丰富，知识量大，考虑到普及的需要，编者选取了其中最具代表性的66则名句，逐条释义、明理、讲故事，辅之以古图碑帖，以供读者阅读、赏析。作为具有人生教益的国学普及读本，编者衷心期望本套书能对读者朋友的生活、学习有所裨益。

颜氏家训

名句·目录

治学篇

颜氏家训

名句·目录

持家篇

用其言，弃其身，古人所耻。凡有一言一行，取于人者，皆显称之，不可窃人之美，以为己力；虽轻虽贱者，必归功焉。

【注释】

略。

【译文】

采用别人所言，却不能厚待这个人，古人视之为可耻。只要有一言一行是从他人处取来的，都要表明和称赞他人的功绩，不能窃人之美，全归功于自己。即使对方地位比自己低微，也要归功给他。

【道理】

不夺人之美，不窃人之名，是君子的谦虚行为。

杨万里的"一字师"

南宋著名诗人杨万里有一次在馆舍里和同僚闲来无事，侃侃而谈。天文地理、历史风俗、趣闻轶事……他们无所不聊，兴至浓处，甚至忘记了周围进出的仆人。

杨万里突然想起晋代很有名的一部小说《搜神记》，就信口说到："说到冥报故事，还是晋代的于宝……"话音未落，一个下属就走上前来说道："杨公误矣！是干宝，而不是于宝。"杨万里很纳闷："你怎么知道是干，不是于呢？"原来，"于"字与"干"字形似，时人一不小心，就会辨错。

下属为证明自己是对的，便去把韵书取来，放在杨公面前，"干"字下面有注解："晋有干宝。"这下确凿无疑，是杨万里弄错了。同僚觉得有点尴尬，还在替那位下属担心，不料杨万里哈哈一笑，起身一拜说："太好了！我今天才明白自己以前一直认错了这个字。"

此后，每每谈及此事，杨万里都会很认真地对旁人说，那位下属纠正了自己的疏漏，使自己免于闹出更多笑话，真是自己的一字之师啊！

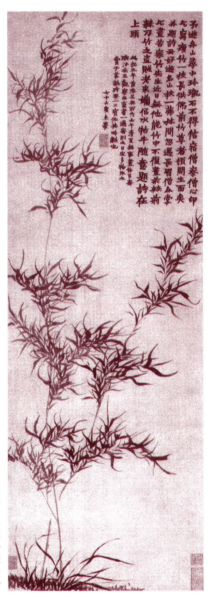

清·金农《墨竹图》

> 潜移暗化，自然似之⊙人在少年，神情未定，所与款狎，熏渍陶染，言笑举动，无心于学，潜移暗化，自然似之；何况操履艺能，较明易习者也？

【注释】

款狎：相处亲密。操履艺能：操守、行为、技艺、才能。

【译文】

人在少年时期，思想性格还未定型，这时候和他亲密相处的人，很容易熏陶和感染他。言谈举止，一笑一颦，这些都不需要刻意学习，潜移默化中就相互类似了，更何况那些明显而易学的操行和技艺呢？

【道理】

环境对一个人的成长有很大的影响。

康成文婢

郑玄，字康成，是汉代著名的经学家。他学富五车，遍注群经。郑玄一丝不苟的好学精神影响了许多人，连他家的奴仆也不例外。

有一天，郑玄吩咐一个婢女去办事，结果好端端的事情被办砸了。郑玄知道后很生气，婢女张口要为自己辩解。郑玄见她无心悔改，还妄图推脱，越发生气，便让她到泥地里罚站。

过了一会儿，另一个婢女打这儿经过，见前者狼狈不堪，有点幸灾乐祸，打趣问道："胡为乎泥中？"这句话出自《诗经·邶风·式微》一诗，意思是说："你做错了什么啊，怎么站在泥地里？"问得很雅致，一语双关。被罚站的婢女叹了一口气，回答道："薄言往诉，逢彼之怒。"这句话出自《诗经·邶风·柏舟》，意思是说："我刚要申辩和诉说，恰好遇到他生气啊。"

听到两个婢女巧妙而机敏地运用古诗对话，郑玄觉得非常有意思，就原谅了婢女。

清·袁耀《花卉册》（之二）

> 每常心共口敌，性与情竞，夜觉晓
> 非，今悔昨失，自怜无教，以至于斯。

颜氏家训

名句·修身篇

【注释】

略。

【译文】

每每发生心口不一，理智与情感相冲突，夜里察觉到白天的过错，今天才后悔昨日犯下的过失，自己常叹息，由于没有受到良好的教育才到了今天这个地步。

【道理】

能意识到自己所犯的过错，并及时悔改，是非常可贵的。

澍庵悔改

清代澍（shù）庵法师，年轻时聪颖敏捷，可粗犷放纵，出家后仍我行我素，经常不顾佛门的清规戒律，任意妄为。

住在扬州禅寺时，有一日，百无聊赖的澍庵溜进厨房，和人争抢食物。他不顾身处佛门清静之地，不守戒律，出言不逊，甚至欲大打出手。住持忍无可忍，就当众斥其无理。澍庵感到颜面尽失，心中满怀愤恨却不敢当众顶撞。他偷偷去厨房找来一把刀，藏在枕头下面，伺机报复。

夜色渐渐深了，怒火渐渐平息的澍庵躺在禅床上辗转反侧，想起平日自己的所作所为，心中越发感到不是滋味，不觉悔恨万端，幡然悔悟，遂打消了报仇的念头。

从此，澍庵闭关读经，潜心自修，数年之后，重新出现在众人眼前的澍庵已然换了一个人。他态度谦和、学识渊博，就连当时的名儒阮元和他交流后，也不禁称赞他的学问和论证"超乎人天之表"。

清·《乾隆御制诗西湖十景图——湖心亭》（缂丝）（局部）

言及先人，理当感慕，古者之所易，今人之所难。

【注释】
略。
【译文】
提及自己已故的长辈，理应感念仰慕。这一点古人很容易做到，现在的人却觉得很难。
【道理】
对祖先的仰慕和怀念的方式，各时代有不同的标准，但归根结底，不变的是那颗仁孝之心。

古代孝子的尴尬

古人对父母的纯孝，不仅表现在日常行为上，还表现在用语禁忌上，这一点今人往往难以想象。

因为尊敬先人而避讳其名的行为，在宋代非常常见。宋代大臣刘温叟，非常尊重自己的父亲，一提到父亲刘岳的名字，神情马上就变得毕恭毕敬，甚至所有和"岳"字有关的事物，他都一概不碰：因为"音乐"的"乐"和"岳"同音，他终身不听丝竹管弦等乐器演奏；因为山岳也涉及"岳"字，所以他也从来不敢游览名山。

还有个叫徐绩的人，他父亲叫徐石。为了尊重父亲，徐绩一生都不使用以石头做成的器具。他走路的时候见到石头都不敢踩踏，如果途中遇到石砌的桥梁，必须要经过时，他就让人把自己背过去。

这样的避讳，今日之人无法做到，只能体察古人的纯孝之心，古今以"孝"共情。

明·唐寅《步溪图》（局部）

君子之交绝无恶声。

【注释】

略。

【译文】

君子之间，即使绝交，也不会相互恶言诋毁，中伤对方。

【道理】

真正的朋友，即使立场不同，不得不断绝来往，也不会心怀怨恨。

嵇康与山涛

嵇康与山涛是非常好的朋友，也是东晋时期无人不知的高士，同被列入"竹林七贤"。他们的交往轶事，一直被历代人广为传颂。

这两位名士都非常欣赏对方，相互引为知己，但他们的性格和脾气各不相同：嵇康为人直爽，疾恶如仇；而山涛性情宽和，善与人交往。在仕途上，嵇康厌恶黑暗的政局，拒绝出仕；而山涛则顺风顺水，平步青云。

一次，山涛向皇帝举荐嵇康。不料嵇康听到这个消息后很生气，觉得山涛不了解自己的志向，就写了历史上最有名的绝交信《与山巨源绝交书》。在这封信里，嵇康指出自己和山涛志不同、道不和，不愿再往来。

颜氏家训

名句·修身篇

嵇康这种耿介孤高的性格遭到了统治者的忌恨，最终被杀害。临死之前，嵇康说："有山涛在，我的孩子能得到照顾。"

　　多年以后，山涛果然举荐了嵇康的儿子嵇绍，嵇绍也不负厚望，对朝廷忠心耿耿，成为晋朝非常有名的忠臣。

宋·马和之（传）《小雅鹿鸣图——伐木》（局部）
以"伐木丁丁，鸟鸣嘤嘤"比喻人不可无友。

颜、闵之徒，何可世得！但优于我，便足贵之。

【注释】

颜、闵：孔子的弟子颜回、闵损。

【译文】

像颜渊、闵子骞那样的贤人，怎么可能每个时代都有呢！只要是比我优秀的人，就值得去珍惜、结交。

【道理】

三人行必有我师，择其善者而从之。

布衣王符

东汉的王符好学而有节操，但因为是庶出的孩子，为人又耿介不群，所以得不到引荐。在仕途上郁郁不得志，王符于是隐居写著《潜夫论》，讥讽当朝。虽然在有权有势的当政者眼里，他只是默默无闻的书生；但是在士子中间，王符的名声却悄悄传开了。

赫赫有名的度辽将军皇甫规是王符的老乡。他刚辞官回到家里，便有个同乡人递书帖想来拜访。这个人不学无术，却出钱买下了雁门太守的官职，现在想通过拜谒来拉近关系。皇甫规装作睡觉，拒不见面，那人只好灰溜溜地走了。

不久，家里的仆人又来报说："有个穿着破烂的穷书生，名叫王符。他正站在门口呢。"皇甫规一听王符的名字，连忙起床，衣服冠带都没整理好，匆匆忙忙趿着鞋就跑出去，拉着王符的手进屋。两个人一见如故，谈得非常欢洽。

于是当时的人就评价说："两千石的官员，还比不上一个布衣儒生。"皇甫规与王符的交游，也成为史上关于择友的一段佳话。

明·沈周《卧游图册之二——平坡散牧》

四海之人，结为兄弟，亦何容易。
必有志均义敌，令终如始者，方可议
之。

【注释】
　　志均义敌：志趣和道义都相同。
【译文】
　　天下之人，能结为兄弟并不容易。必须是两个人志向相同，做人的原则也一致，能始终如一做到这些，才可能提及结交的事情。
【道理】
　　志同道合的人，方能结为知己、拜为金兰。

陈雷胶漆

　　东汉时期的陈重，年少时和同郡的雷义是同窗，一起学习经史。他们的成绩都很优秀，人品也相当出众。两人先后被推举为孝廉，进入同一个官衙工作。

　　陈重急人所难，看到同僚负债窘迫，就秘密筹钱帮他偿还。别人感激他，他却轻描淡写地说："也许是和我名字相同的人做的吧。"始终不谈及对他人的恩惠。

　　雷义同样也是助人为乐的清廉之士。他曾经教化了一个罪人，让其悔改之后脱离死罪，减免了刑罚而得以回家赡养父母。那人后来捧着两斤黄金来感谢雷义，被雷义拒绝了。趁着雷义不在，那人悄悄把金子放到雷家屋顶。几年后，雷义修整老屋发现了金子，就立刻去寻找那人。可那人已经去世，家人也不知去向，雷义就原封不动把金子上交到官府。

陈重和雷义对彼此的高尚品格非常欣赏，结下了深厚的情谊。当雷义被贬，陈重也称疾辞官。人们都说："胶漆自谓坚，不如雷与陈。"从此便以"陈雷胶漆"来比喻深厚的友情。

清·张赐宁《竹菊图》

世人多蔽，贵耳贱目，重遥轻近。

【注释】

蔽：蔽塞，有所不见。

【译文】

世上的人大都有一种病，相信传闻而不看重眼见的事实，推崇远处的事物，而轻视近处的事物。

【道理】

世上多有沽名钓誉者，欲进还退、欲仕故隐，以求得功名。贵耳贱目、重遥轻近的人将他们视作世外高人，崇拜有加；心明眼亮之人却权当作看笑话。

终南捷径

卢藏用是唐代"仙宗十友"之一。他年轻的时候很有才华，但即使他考取了进士，也迟迟不见朝廷的征召。卢藏用左思右想，觉得自己还缺少被人注意的高名，于是就和兄长一起前往长安以南的终南山，过上了"远离世俗"的隐居生活。没多久，他的名声果然传遍朝野，人们将他奉为高洁名士，朝廷还任命他为左拾遗。卢藏用顺利地走上了梦寐以求的仕途，官运亨通，不免得意忘形起来。

同为"仙宗十友"的司马承祯自少便笃学好道，颇有高超的道术与瑕口的名声，并写得一手漂亮的书法。但司马承祯无心于仕宦之途，与官场中人格格不入，便向皇帝请辞，欲回天台山隐居。卢藏用此时官运亨通，见司马承祯似有落魄之态，便意气风发地指点道："你要是想隐居就考虑一下终南山吧。那可真是好地方啊！"司马承祯意味深长地回答说："终南山的确是通向官场的便捷之道啊！"卢藏用听出他是在讽刺自己靠隐居来求功名利禄，不由得羞愧万分。

明·赵左《望山垂钓图》（局部）

与善人居，如入芝兰之室，久而自芳也；与恶人居，如入鲍鱼之肆，久而自臭也。

【注释】

肆：市场。

【译文】

和善人相处，就像进入养着芝兰的屋子，久而久之，自己也会沾上香味；和恶人相处，就像进了卖咸鱼的市场，久而久之，自己也散发出臭味。

【道理】

君子慎交游。

齐桓公之死

齐桓公早年在管仲、鲍叔牙等良臣的辅佐下成为春秋时期的一大霸主。到了晚年，齐桓公骄傲享乐之心日渐滋长，勤勉进取之心日益薄弱，他远离之前的贤臣，亲近易牙、竖刁、开方等奸佞小人。

管仲得了重病，齐桓公问他："你死后，易牙可以接替你做相国吗？"管仲说："为了满足君王您的口味，他居然把自己的孩子杀掉做成菜肴。这样灭绝人性的人，怎么可能会爱您呢？不可。"齐桓公又问："那公子开方呢？"管仲摇摇头说："他背弃自己的国家和父母来伺候您。不可以亲近啊。"齐桓公又问："竖刁如何呢？"管仲回答说："他以自宫来讨您的宠爱，连自己都不爱惜的人，又怎么能相信呢？"齐桓公点头称是。

可是，管仲死后，齐桓公感到没有易牙食不甘味，没有开方和竖刁寝食难安、闷闷不乐，于是又把三人召回自己的身边，朝政由此被三个佞臣把持。后来易牙、开方、竖刁发动政变，在宫里筑起高墙把齐桓公困在里面，一代枭雄齐桓公就这样给活活饿死了。

宋·马和之（传）《小雅节南山图——正月》（局部）
柳树低垂、荷叶凋零，表示万物失时，乱世将至。

别易会难，古人所重；江南饯送，下泣言离。

【注释】

略。

【译文】

分别容易，再见就很难，所以古人很重视离别之情。江南人饯别友人，会在说离别的时候哭泣。

【道理】

人的性情不同，情感的表达方式便不相同，用礼仪来硬性规范就有点可笑了。

梁武帝送别

梁武帝的弟弟被封侯，要前去东郡镇守。离开都城前，他与梁武帝依依话别。武帝说："唉，我年岁已老，日子恐怕不多了，现在和你分别，不知道什么时候才能再相聚，想到这一点，我就感到很悲怆凄楚。"一边说，一边流下忧伤的眼泪。

可梁武帝的弟弟，铮铮男儿，自幼便信奉"男儿有泪不轻弹"，虽然此时他的心情也很沉重，但就是挤不出一滴眼泪。武帝等了良久，还是没能等来他视作亲情表达的眼泪。梁武帝的弟弟也觉得十分羞愧，最后只好难为情地退下了。武帝勃然大怒，认为弟弟不爱自己，便降罪于他，致使这位王侯在船上待了一百多天，还是不得离开。

大部分人都会在离别的时候哭泣，但少部分情感内敛的人却无法做到。对人的情绪进行刻意规范和强加指责，是十分可笑的啊。

清·苏仁山《话别图》

古人云："巢父、许由，让于天下，市道小人，争一钱之利。"

【注释】

略。

【译文】

古人说："巢父、许由这样的高洁之士，把天下拱手相让；市侩庸俗的小人，往往为了一钱小利争得不可开交。"

【道理】

看重自己利益得失的，是普通老百姓；看重自己名誉操行的，是追求高尚的志士；不被名缰利锁困扰的，是超凡脱俗的隐者，而隐者也有自己珍视、追求的东西，那就是自由的心境。

贤士许由

帝尧听说了许由这位隐士高洁贤德的美名，就想将天下交给许由来治理。帝尧找到许由，对他说："日月一旦升起，天下就明亮了，而烛火虽未熄灭，但它发出的光是多么微不足道啊。夫子您好比是日月，而我不过是烛火罢了。有了你，我坐在帝位上就是无用的。如今我看到自己的不足，所以过来把天下交托给你。请您代替我，这样天下就可以治理得井井有条。"

许由摇摇头说："你已经将天下治理得很好了，让我来代替你，难道我是为了图圣德君王的美名吗？你看看，鹪（jiāo）鹩（liáo）把巢筑在深林里，可它栖息的地方不过是一根小树枝；鼹鼠到大河饮水，它求得再多也不过是灌满自己的肚子。你回去吧，我拿天下来有什么用呢？”

帝尧听后，更加敬佩许由的高尚无私，回去后愈加勤勉地治理国家，尽心地为人民谋福利。

清·《历代画像传——从谂禅师》

> 宇宙可臻其极，情性不知其穷，唯在少欲知足，为立涯限尔。

【注释】

臻：达到。涯限：范围、限度。

【译文】

宇宙有极限，而人的欲求难以穷尽。所以应该克制自己的欲望，凡事知足，要划一个界限出来。

【道理】

自古就有东门黄犬、华亭鹤唳之叹。太贪心的人，往往是得不偿失的。

白公贪吝

楚平王熊居的孙子熊胜，号白公。有一次，他带领将士轻而易举杀掉了权臣子西，拿下了其所辖的荆国。得胜之后，他立刻将荆国府库里的财宝都据为己有。

过了七天，有个叫石乞的臣子告诫白公说："大人，您若不愿将这些财宝分给众将士，还不如把它们都烧毁了，免得惹人眼红，害了自己。"白公舍不得分财宝，更不愿烧毁。几天后，他的政敌叶公将缴获的所有珍宝和兵器都分给众人，并带领大家攻打白公的部队。白公很快就兵败身亡了。

妄想占有不属于自己的财宝，真是太贪婪了。白公只看到了财宝，却没有看到自己的灾难，如此不知足的短见之人，从古至今还真不少。

晋·顾恺之《女史箴图——修容饰性》（局部）
三女子对镜梳妆，劝谕人们应该修身养性。

> 人生衣趣以覆寒露，食趣以塞饥乏耳。形骸之内，尚不得奢靡，己身之外，而欲穷骄泰邪？

【注释】

趣：此指取。欲穷骄泰：穷其所欲，骄横放肆。

【译文】

穿衣是为了遮蔽和保暖，吃饭是为了充饥和解乏。对待自己这身皮囊，尚且不能过分追求享受；而面对身外之物，难道更应该穷其所欲，追求无度吗？

【道理】

壁立千仞，无欲则刚。

甄彬还金

南北朝的甄彬是个贫穷但品德高尚的人。有一次，他背着一捆苎麻到荆州长沙的西库去典当换钱。后来他赎回苎麻，回家一解开绳子发现里面居然有五两黄金，是用一条手巾包裹着的。甄彬拿着金子，感到寝食难安，马上就把它送还给西库。管理西库的和尚非常吃惊："最近有人拿金子来换钱，因为太匆忙，没有记录，不知道放到哪里了。施主你能归还这金子，简直是自古至今都难得一见的啊。"于是就要拿出一半金子来答谢他。甄彬左右推辞，坚决不接受。和尚感叹道："谁能想象穿羊皮背柴草的人，能够拾金不昧呢？"

后来，甄彬被任命为郫县县令。临走之时去辞谢齐太祖。一同赴任的有五个人，齐太祖一一叮嘱他们要廉洁，等走到甄彬面前，齐太祖忍不住点头说："你有还金的美誉，我就不用过多告诫你了。"

元·赵孟頫《秀石疏林图》（局部）

至诚之言，人未能信，至洁之行，物或致疑，皆由言行声名，无余地也。

【注释】

略。

【译文】

最真诚的言语，人们不一定相信，最高洁的行为，会让周围的人产生怀疑。这是因为其言行和名声都太高尚了，没有留下余地。

【道理】

真正高尚之士，在践行修身、治国的信条时必须经受住众口铄金的考验。

张湛白马

东汉的张湛，为人矜持、崇尚古礼。即使身处卧室，他也绝不邋遢随性，言谈举止一丝不苟。对自己的妻子，他也一直以礼待之，就像面对父母一样恭恭敬敬。而在同乡人的眼里，张湛总是端庄严肃、仪表堂堂，像个官员。有人看不惯，就觉得张湛虚伪做作。张湛听到这样的传闻，不禁莞尔："我真的是虚伪。可所有人都假装很坏，而我假装很善良，这不也很好吗？"

后来，张湛做了朝廷的光禄大夫。为官之后，张湛一发现光武帝有不思进取和懒惰的表现，就会及时、直接地指出光武帝执政的失误和行为的缺点。因为张湛经常乘白马出入，所以光武帝一见到他就懊恼地拍着脑袋说："又来了！唉，这个白马生又来进谏了啊！"光武帝虽然有时会受不了张湛的严格和耿直，却始终很敬佩他的真诚和直率。而之前那些误会张湛的人，也都渐渐明白了他的为人，不再有流言蜚语了。

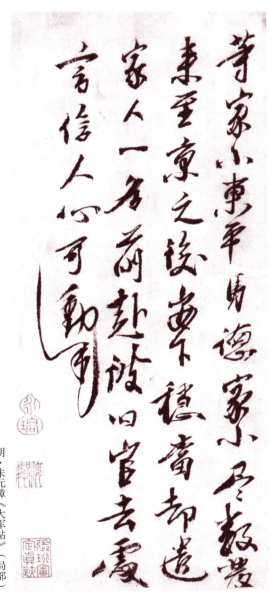

明·朱元璋《大军帖》（局部）

> 为善则预，为恶则去，不欲党人非义之事也。凡损于物，皆无与焉。

【注释】

预：参与。党人：与人结党。

【译文】

与人为善的好事就参与，伤天害理的坏事就转身离开。不要与人结党做非法不义的事情。凡是有损他人的事，都不要去做。

【道理】

为人处世，要有一颗悲天悯人的心。即使处在躁动不安、充满恶意的环境中，也要怀着善意和慈悲，为世界保留一点爱和希望。

李仕谦的仁慈之心

隋朝的李仕谦是个品德高洁的佛教居士，天性孝顺，并且本性良善，在乡邻中有很好的名声。

有一年荒岁，李仕谦便将家中的数千石存谷借给行将断炊的乡人。第二年仍歉收，以致上年借谷的人都无法偿还，只好去李府表示歉意。李仕谦不仅没有为难他们，反而招待他们在家中吃了顿饱饭。饭后，他当众把乡邻们借谷的债券烧为灰烬，并对他们说："我家中的存谷本来就是用来救济别人的，并不是想囤积图利。现在债务已经了结，希望你们不要再放在心上。"

过了几年，又遇到大饥荒，李仕谦散出大部分家产，大规模施粥济民，赖以存活下来的不下万人。第二年的春天，李仕谦又买回大批粮种分赠给贫民。有人对他说："您救活了很多人，功德实在太大了。"他回答道："功德的意义好比耳鸣一样，只能自己知道，别人是听不到的。现在我做的事，已经被你知道了，哪里还谈得上功德呢！"后来，李仕谦的子孙都很发达，人们都认为这是积德的果报。

晋·顾恺之《列女图——孙叔敖母》（局部）

孙叔敖是楚国宰相。少年时，他听说见到两头蛇者必死，所以，当他见到两头蛇，因担心别人遭到厄运，便杀而埋之。他母亲赞许他的行为，说：能为他人着想，不但不会死，日后定能成为国家栋梁。

> 人足所履，不过数寸，然而咫尺之途，必颠蹶于崖岸，拱把之梁，每沈溺于川谷者，何哉？为其旁无余地故也。

【注释】

颠蹶：颠仆跌倒。拱把之梁：指小桥梁。沈：同"沉"。

【译文】

人的脚所踩的地方，不过数寸。但是站在悬崖旁边，就算只有咫尺长的路途，也很容易滑倒跌落；经过大川河谷，就算桥梁有一抱粗，也往往会掉下去淹死。为什么呢？就是因为脚边没有余地。

【道理】

无用之用，是为大用。看起来没用的地方，也许正是用途所在。

痴人食饼

《百喻经》里有这样一个小故事：从前有个人，饥肠辘辘时买了七块煎饼充饥。他狼吞虎咽，一连吃下六块煎饼犹不觉饱。最后一块煎饼吃了一半，他终于缓过劲来，满足地拍拍自己的肚子，打了个饱嗝。然而他瞅着手中剩下的半块煎饼，很快就感到懊恼万分。他越想越觉得不对劲，又是后悔又是生气，突然抬手打起自己耳光来。

周围的人觉得非常奇怪："你干吗呢？吃饱了还生什么气？"

这个人一脸懊悔，连连叹息道："早知道只需要这半块煎饼就能充饥，先吃掉它就行了呀！我干吗还要吃掉之前的六块煎饼呢？它们就这样白白被我浪费掉了！"周围的人听了这话，纷纷大笑绝倒。

　　这世上许多人，只是徒然羡慕别人获得的成功，得到的快乐、幸福，却不知道在此之前，别人付出了怎样的努力，经历了多少挫折、失败，这不是也同吃煎饼的痴人一样愚蠢吗？

明·张路《骑驴图》

今不修身而求令名于世者，犹貌甚恶而责妍影于镜也。

【注释】
　　略。
【译文】
　　现在那些不修身却追求好名声的人，就像那些相貌丑恶却要求镜子照出漂亮的形象的人一样。

【道理】
　　没有美好的品质却想获得大家的认同和赞誉，是非常愚蠢的。

许邵月旦评

　　东汉末年，有一位著名的人物评论家名叫许邵。他喜欢品鉴乡党的品质和节操，让很多高尚的寒士因此得到提拔和赏识。因为每个月都会有新的品论，所以人们称之为"月旦评"。

　　许邵祖父的兄弟许敬及其子许训、其孙许相，靠巴结宦官、向权臣献媚得以升官封侯，位列朝廷三公。他们费尽心机和许邵套近乎，想得到他的称赞。许邵厌恶他们的人品，拒绝与他们交往。

　　曹操常常带着厚礼来找许邵，言辞非常谦卑，希望许邵能品赏自己，为自己说点好话。许邵很鄙视他的为人，不管曹操说什么，都不发一言。曹操以武力胁迫他后，追问："您现在觉得我如何呢？"在威逼之下，许邵不得已说："你是治世时的能臣，乱世时的奸雄。"

曹操叹服，大笑而去。

一竹一兰清可坐

万山万水极其进

夫修善立名者，亦犹筑室树果，生则获其利，死则遗其泽。

【注释】

泽：恩泽，好处。

【译文】

修善立名，就像修建房屋、栽

种果树：活着的时候可以获利，死后还能留下这些好处给后世子孙。

【道理】

雁过留声，人过留名。

万古流芳文天祥

南宋末年，蒙古铁骑大举南下、所向披靡，南宋边关频频报急。在这岌岌可危的形势下，朝廷中大多数官员惶恐不安，甚至有人为求自保逃之夭夭，只有文天祥和少数官员将家产变卖成军饷，发动民众奋起抗元。

这时，文天祥的好友劝他说："当今的局势你也看到了，元军精锐部队分几路南侵，势如破竹，你现在聚集一两万民众抵抗，无异于赶着羊群去和猛虎搏斗啊。"文天祥说："我也知道，但平日里国家养着我们这些人，遇到危险，竟然无一人挺身而出保家卫国，我深深感到痛心。所以即使不自量力，即使以身殉国，我也要以此呼吁天下忠臣义士一起站出来护国安家。"

势单力孤的文天祥最终被敌人俘虏。元朝统治者许他高官厚禄未果，又对他施予严酷刑罚，仍不能使他屈服，只能心怀遗憾将他处决。文天祥英勇就义后，举国上下被他的浩然正气和坚贞不屈的气节深深感动，他写下的"人生自古谁无死，留取丹心照汗青"被人们传诵至今；而他的精神，也将永远被世人铭记，激励一代又一代中华儿女为国家、民族贡献自己的力量。

清·任颐《苏武牧羊图》

巧伪不如拙诚。

【注释】

略。

【译文】

再巧妙的伪装也不如笨拙而真诚的言行。

【道理】

那些心怀不轨、巧言令色的人可以蒙骗所有人一时，也可以蒙骗一些人一世，但不可能蒙骗所有人一世。

"两面人"安禄山

安禄山是个面相老实忠厚的人，一觐见唐玄宗就得到宠信。唐玄宗当即把他收为干儿子，还让他参加宫廷的宴会。在宴会上，安禄山首先去拜见杨贵妃，而不是拜见唐玄宗，这让玄宗非常疑惑，问道："你这个蛮夷小子不跪拜我，反倒去拜见我的妃子，是何道理？"安禄山从容不迫地回答道："我是胡人，我们那儿的习俗就是先拜母亲的啊。"唐玄宗觉得他淳朴、忠厚，转怒为喜。

安禄山大腹便便，唐玄宗就打趣他："你肚子里装了什么啊，这么大？"安禄山回答说："我肚皮里除了对陛下的一颗赤子忠心，还能有别的什么呢？"唐玄宗越发觉得安禄山诚恳实在，更加宠信他。

张九龄看出了安禄山的狼子野心，上奏玄宗，期以"守关不利"

判安禄山死罪，以除后患。玄宗不以为然，反倒责怪张九龄诬害忠良，而后居然给安禄山加官晋爵。

安史之乱爆发后，唐玄宗仓皇出逃，这才后悔万分，怪自己不辨忠奸，酿成国破家亡的大祸，可惜悔之已晚。

明末清初·八大山人《芦雁图》

国破家亡未忍言，南昌故郡此王孙。
无端哭笑知何意，笔底招来先帝魂。

既以利得，必以利殆。

【注释】
　　殆：危险，此指招来危险。
【译文】
　　因为利益而得到好处，必然也

因为利益招来危险。
【道理】
　　财富、权势是双刃剑，可以为自己牟利，也可以毁掉自己。

陶朱公救子

　　陶朱公有三个儿子。次子杀了人，被抓进楚国监狱。陶朱公说："杀人应判死刑。但我听说家有千金，可以赎一命。"于是他用破布包了万两黄金，装上牛车，让大儿子带上自己给旧友庄生的书信去办这件事。

　　到了楚国，长子把金子和书信送到庄府，庄生收下后说："你快回去，我会办妥的。"长子不放心，悄悄留在城里，并贿赂了一个楚国贵族打探消息。庄生廉洁耿直，并不想接受陶朱公的金子，打算事成后立刻归还。逮着机会，庄生对楚王说："我夜查天象，看到有颗星对楚国不利。"楚王大惊："怎么办呢？"庄生说："只有君主修德才能化解。"楚王同意了。楚国的贵族告诉长子说："昨晚大王让人把钱库封了，这正是下赦令的前兆。"长子以为弟弟平安了，就觉得金子白白给人有点可惜。于是他又去庄生家，找个借口要回了金子。

庄生感到被戏弄了，非常恼怒，就去见楚王："我听说富人陶朱公的儿子杀了人，被关在楚国的监狱里。人们都说大王是为了释放陶朱公的儿子而大赦的。"楚王大怒，命人杀掉陶朱公的次子，第二日才下赦令。长子只好带着弟弟的尸体离开了。

清·顾鹤庆《竹石图》

士君子之处世，贵能有益于物耳，不徒高谈虚论，左琴右书，以费人君禄位也。

【注释】

物：此指现实环境、事物。

【译文】

君子处世，应该做到有益于人，而不能停留在高谈阔论、只通晓琴棋书画上面，以免浪费君主给予的官职与俸禄。

【道理】

"在其位谋其政"，一个人的社会价值才能体现出来；而只会高谈阔论、尸位素餐的人，最终往往自食恶果。

空谈误国

王衍是西晋时期享有盛誉的名士，才华横溢、风姿俊秀，既精通义理，又擅长清谈，全天下的人都很仰慕他。

然而八王之乱后，国家变得动荡不安：外有强敌入侵，内有皇族争权，中原大地生灵涂炭。在如此危险的时局下，王衍身为宰辅重臣，不以国家为念，只求自全之计。看到有威胁到自己地位的事，只知道躲避，完全不顾身为臣子应有的操守。他的两个弟弟，一个被派去做荆州刺史，一个被派去做青州刺史。王衍还很得意地说："荆州有长江、汉水这两条坚固的拱卫，青州有靠着大海的险要关隘。你们两个在外，我留在朝廷中央，这好比狡兔的三窟，非常安全！"

名句·处世篇

颜氏家训

不久，晋军被石勒的军队打败，京师沦陷。石勒把王衍叫来，让他讲讲晋朝的历史典故。王衍侃侃而谈，可提及国家败亡时，他却推说自己从不参与朝廷事务，毫无责任。石勒原本和他聊得很开心，一听便生气了，说道："你名扬四海，又居朝廷要职，从少壮开始做官到白头，怎么能称自己不参与朝廷事务呢？祸害前朝，这正是你的罪行。"于是就让人把王衍拖出去杀掉。王衍这才万分后悔说："唉，当初若不崇尚任诞虚浮的清谈，努力匡扶天下社稷，也不至于落得引颈就戮的下场啊！"

明·陈道复《墨花钓艇图》（局部）

夫生不可不惜，不可苟惜。

【注释】
略。

【译文】
人的生命很宝贵，不可不珍惜，但是也不能苟且偷生。

【道理】
"生我所欲也，义亦我所欲也。"当生命与仁义二者不可得兼之时，决不能贪生怕死而损害仁义，应当义无反顾、舍生取义。

荀巨伯救友

汉代的荀巨伯有一次去远方看望生病的朋友，刚刚到便遇见匈奴人攻打到那个郡县。朋友告诉荀巨伯说："我已病入膏肓，只剩死路一条了。你赶快走！"荀巨伯说："一遇到危险就撇下朋友逃走，这岂是我荀巨伯做得出来的？"他坚持留下来，继续照顾朋友。

匈奴兵闯到友人家，感到很惊奇。领兵将领说："整个郡县的人都跑了，你们怎么还敢留在这里？"荀巨伯从容回答说："朋友病了，我不忍心抛下他。你们要杀就杀我，留我朋友一条生路吧。"

匈奴将领非常感动，说："我们这些不讲情义的人，到了讲情讲义的国家！"说完就带兵撤退，没有损坏一草一木，于是这个郡县被保存了下来。

城闕輔三秦風煙望五津與君離別意同是宦遊人海內存知己天涯若比鄰無為在歧路兒女共霑巾

調鼎

上士忘名，中士立名，下士窃名。

【注释】
略。

【译文】
品行最好的人忘怀声名，普通的人追求立名，品行低劣的人窃名扬己。

【道理】
真正高尚的人，会将道德感、正义感化为自己行动的准绳，不会被外界的评判左右，也不会为名声所累。

胡威推缣（jiān）

晋朝大臣胡质在荆州做刺史时，以清廉忠诚而被人称颂。有一次，他的儿子胡威从京城到荆州去看望父亲。儿子要返京时，胡质见儿子一路辛苦，生活也十分贫寒，就给他一匹贵重的绢布。

胡威觉得很惊讶，心想这一定是父亲的不正当所得，就露出不悦的神色，推开了那匹绢说："父亲一向清廉高洁，声名在外，怎么会有如此贵重的东西呢？"胡质说："这不是受贿得来的，而是我多年的俸禄积攒下来买的，你放心收下吧。"胡威这才接受了。

后来胡威做了徐州刺史，和父亲胡质一样清廉勤勉，深受百姓爱戴，也极大地影响了当朝的政治风气。

明·项圣谟（mò）《长春图》

肠不可冷，腹不可热，当以仁义为节文尔。

【注释】

节文：节制、修饰。

【译文】

做人，既不可以过分冷血，也不可以过分热心，凡事要以仁义两个字作为衡量和判断的标准。

【道理】

理智地对待需要救援和帮助的人，才能既不被假相所蒙蔽，也不被冷酷的世界消磨掉善良之心。

丁公遽戮

丁公是名将季布的弟弟。兄弟俩追随项羽南征北战，和汉王刘邦有过多次正面交锋。

有一次，丁公被项羽派去追截刘邦。到了彭城以西的地方，楚汉两方狭路相逢，短兵相接。项羽麾下兵强马壮，顷刻将刘邦团团围住，汉军眼看就要败下阵来。刘邦不想束手就擒，更不想损兵折将，情急之下就向丁公讨饶："我们两人都是天下难得的贤能之才，为何要相互厮杀呢？"

丁公一听，心想刘邦也是一同起兵抗秦的草莽英雄，不觉动了恻隐之心。他不顾项王的嘱托，也不顾作为将领应肩负的职责，收兵撤退，放了刘邦一马。就这样，楚军失去了俘获强敌的好机会。

多年以后，汉军休养生息，逐渐壮大，卷土重来；而楚军人心溃散，不堪一击，最终项羽兵败自刎，而丁公也被俘杀。这就是一时的妇人之仁所带来的祸患啊。

清·程正揆《江山卧游图》（局部）

吾见世人，清名登而金贝入，信誉显而然诺亏，不知后之矛戟，毁前之干橹也。

【注释】

略。

【译文】

我见世人，一树立起清廉的名声就开始收受金钱贿赂；一旦有了信誉就不能做到承诺兑现。殊不知这些劣迹就好比尖利的矛戟，毁坏了之前美名的盾牌。

【道理】

盛名之下，其实难副。

王莽篡汉

王莽篡汉前，天下没有一个人不称赞他贤明的。王莽年轻的时候就有勤劳质朴、好学谦恭的美名。和同族的外戚相比，他生活简朴，孝顺长辈，行为检点，常常苦读《论语》等儒家经典以修身克己。

做官以后，王莽广纳人才，礼贤下士，受到诸多赞赏。他对名誉非常看重，两个儿子都因为有过错而被王莽逼令自杀。人们都称赞王莽大义灭亲，是当世难得的贤臣。在水旱灾荒的时节，王莽不食荤腥，只吃素食，表现出与人民同甘苦、共患难的慈悲心肠。他的左右侍从将这些事迹告诉给太后，太后非常感动，朝野内外都认为他有周公的才能和胸怀，一定能匡扶汉室。

汉平帝死后，王莽拥立年仅两岁的刘婴，自己独揽摄政大权。没过几年，王莽正式称帝，结束了长达两百多年的西汉王朝。当此之时，他的野心才昭然若揭。后来，白居易在一首诗里说："周公恐惧流言日，王莽谦恭未篡时。向使当初身便死，一生真伪复谁知。"意思指，倘若王莽在尚未篡夺汉室天下的时候就死去，那么今人及后人都会认为他是谦恭的良臣，没有一个人能知道他的虚伪和野心。

宋·马和之（传）《小雅鹿鸣图——四牡》（局部）
驷马马车奔走于漫长的路途。

讽刺之祸，速乎风尘。

【注释】
略。
【译文】
文人因为讽刺别人而招来的祸

患，比风吹尘还要迅速。
【道理】
利口覆家邦。三思而后言，以免伤人伤己。

乌台诗案

乌台，即御史台。乌台诗案的倒霉主角，正是北宋大文豪苏东坡。苏东坡调往湖州做官后写了《湖州谢上表》。这篇文章一经公布，立刻引起轩然大波，牵连出多位大臣，还差点让苏东坡送了命。

原来，苏东坡对王安石推行新法公开表示反对。革新派便一直对苏东坡耿耿于怀，欲除之而后快。在这篇公文里，苏东坡写下了两句牢骚话："知其愚不适时，难以追陪新进；察其老不生事，或能牧养小民。"革新派政敌抓住文中"新进""生事"等敏感词，指其诽谤变法新政、"愚弄朝廷、妄自尊大"。苏东坡很快便被逮捕入狱。

皇帝将这一案件交由御史台审理，这更是给了政敌陷害苏东坡的可趁之机。他们四处搜罗苏东坡的诗文，断章取义罗列出"罪证"，企图判苏东坡死罪。好在各方名士良臣极力营救，宋神宗也非常惜才，在经历了四个多月的牢狱之灾后，苏东坡终于被释放了。劫后余生的大文豪禁不住向朋友感慨道："'平生文字为吾累'，以后下笔一定要慎之又慎，以免又遭横祸啊！"

清·冷枚《养正图》（之四）
孔子在太庙看到立有金人，三缄其口，意为"多言必败，多事必害"。

善恶之行，福祸所归。

【注释】

略。

【译文】

善恶的行为，是福祸结局的原因所在。

【道理】

行善积德，总会使自己和他人受益。

陈遗贮饭

魏晋时期的陈遗是吴郡出了名的孝子。他的母亲非常喜欢吃锅底的糊饭锅巴，所以作为吴郡主簿的陈遗，总是不顾形象地背着一个大口袋，一遇见有人煮饭，他便求来锅巴，收进口袋，好带回家给母亲吃。

后来，孙恩带领流民发动叛乱，战火烧到吴郡。一日，镇守吴郡的袁崧突然整顿军队，立刻出征讨伐，陈遗也被召入队伍。仓皇间，口袋里的数斗锅巴也来不及送回家了，只好随身带去。

不久，陈遗所在的军队被叛军打得节节败退，损失惨重。士兵们不得不逃入深山大泽中。因为缺少粮食，许多人都饿死了，唯独陈遗和与他同路的几个士兵靠着那几斗锅巴活了下来。当时的人都说，这是陈遗的善良和孝顺感动了上天，才会有这样的好报。

颜氏家训

名句·处世篇

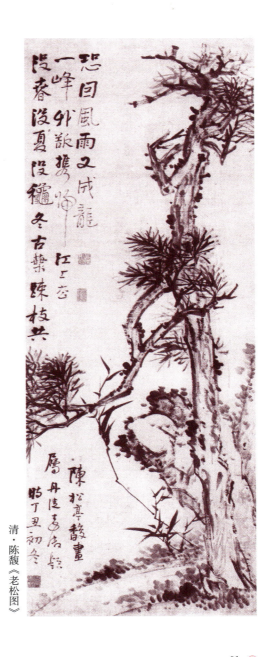

恐曰風雨又成龍
一峰外歟擬峰
陵春沒夏沒櫃冬
古藥陳枝共

江工志

陳松亭發畫
屬丹佳弟居然
時丁丑初冬

清·陳馥《老松图》

61

君子处世，贵能克己复礼，济时益物。

【注释】

复礼：袭用古代的礼法。

【译文】

君子处世，最重要的是能克制和约束自己，遵循礼仪，能对当时社会作出贡献，有益于万物发展。

【道理】

克己复礼，以修身、齐家、治国、平天下。这是千百年来有识之士共同的理想。

娄师德荐狄仁杰

娄师德是武则天当朝的重臣。处在当时动荡的政治权力中心，娄师德不仅靠隐忍和大度保住了自己的地位和优渥的俸禄，还靠着宽阔的胸襟，推荐了许多人才。

名臣狄仁杰一直很看不起娄师德。等到步步高升，和娄师德同掌相国大权后，狄仁杰便经常在武则天面前数落娄师德的不是。一天，武则天忍不住问狄仁杰："朕如此重用你，你知道是为什么吗？"狄仁杰自信满满地说："微臣文采出众，做人耿直正派，从而得到陛下的赏识，不像他人平庸无奇，全靠攀附关系才混到官职。"武则天听后微微一笑，良久才说道："我之前并不知道你的才能。你能有此时的地位，全是因为娄师德大力举荐。"接着她让左右侍官拿出盛放公文的筐箧，从里面搜出了十多篇娄师德的推荐信给狄仁杰看。狄仁杰展信一读，异常惊讶并羞愧万分：

"不想我竟然被娄公如此包涵！而他从来没有向我表露过矜夸和骄傲的神色！"

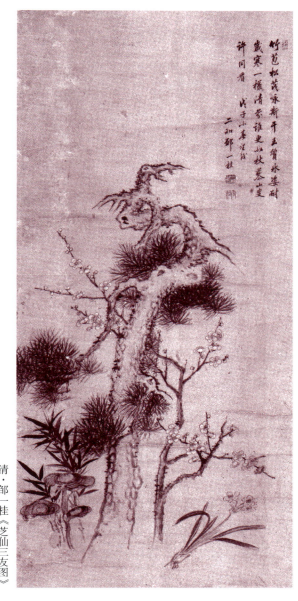

清·邹一桂《芝仙三友图》

能走者夺其翼，善飞者减其指，有角者无上齿，丰后者无前足，盖天道不使物有兼焉也。

【注释】
略。
【译文】
善跑的动物没有翅膀，善飞的禽类脚趾更少，长角的动物没有犬齿，后腿发达的动物前肢退化。这都是自然造化使万物各有长短而不会兼有各项才能。

【道理】
金无足赤，人无完人。就算是天才也有不如人的地方，所以要放宽心怀，不苛求自己与他人。

韩非口吃

韩非是战国末期法家思想的代表者，他和李斯都是荀子的学生。

韩非口吃，不擅言谈，却思想深邃，善于写作。他写的《孤愤》《五蠹》等篇章传到秦国，秦始皇读后非常感慨："天下竟然有这样的高才！如果寡人能和此人相处在同时代而共交游，死也无憾啊！"这时站在一旁的李斯忙表功说："这几篇都是臣下的同学韩非所著。"为了得到这个奇才，秦始皇立刻带军攻打韩国，要求韩国派韩非来议和。韩国国君看到秦军逼近，急得像热锅上的蚂蚁，只好将韩非派去秦国做使者，以修两国之好。

秦始皇见到韩非很高兴，但交谈的时候发现韩非口齿不清、交流困难，于是很失望，并不信任和重用他。而李斯自觉才华远不如韩非，怕他留在秦国会成为自己仕途上的劲敌，就设计陷害韩非，最后将他治罪处死了。

清·禹之鼎、王翚（huī）《听泉图》（局部）

身计国谋，不可两遂。

【注释】

遂：成功。

【译文】

为自己争夺权力、富贵作打算，和为国家社稷出谋划策，这两者往往是不可兼得的。

【道理】

岁寒知松柏，乱世识忠臣。能为信念、道义牺牲自己的财富甚至是生命，这是难能可贵的。

张洎"殉国"

张洎（jì）与陈乔都是南唐后主李煜的宠臣。眼看着宋军快要攻破金陵，南唐就快覆亡，张洎一直劝说李煜不要投降宋朝，并表示假如社稷不保，自己一定会赶在李煜之前，以死殉国。

不久，金陵城被攻陷了。张洎带着妻儿奔到宫殿里，和陈乔一起面见后主。两个人都争先恐后表明忠心，相约一起在李煜面前自尽殉国。只见陈乔从容地引颈自缢，很快就气绝身亡。这时候，张洎将眼泪一抹，从凳子上退下来说："我和陈乔平时一起掌管着重要的军机事务，理应与国家同生共死。但是我念着陛下您还在，如果将来宋朝责怪您久久不归降，要治您的罪，谁来为您辩解和表白呢？臣下我还是请求和您一起归顺宋朝吧。"

忠君爱国是每个人都知道，也想要做到的。但在生死存亡关头，做起来就没有说的那么容易了。

清·弘仁《西岩松雪图》（局部）

应世经务⊙居承平之世，不知有丧乱之祸；处庙堂之下，不知有战陈之急；保俸禄之资，不知有耕稼之苦；肆吏民之上，不知有劳役之勤。故难可以应世经务也。

【注释】

略。

【译文】

他们生活在和平时代，不知道国家丧乱时的祸患；身处朝廷高位，不知道战争爆发时的紧急；领着丰厚俸禄，不知道耕种的辛苦；地位凌驾在老百姓之上，不知道普通人劳役的辛苦。所以他们很难经时济世。

【道理】

天下兴亡，匹夫有责。

宋徽宗与靖康之耻

宋徽宗赵佶是历史上鼎鼎有名的书画家。他自幼酷爱艺术，也热爱体育，骑马、射箭、蹴鞠无一不精通。生于帝王家，又有非凡的天赋，这使得赵佶在艺术创造上达到了空前绝后的境界：他开创了工笔画的先河，自创的"瘦金体"精妙绝伦，无人能超越。然而这位才华横溢的艺术家，作为帝王却一塌糊涂，屡遭后人诟病。

当时外有金国女真等北方强敌觊觎，内有方腊农民起义军的隐忧，可赵佶却不管不顾。等到金国大举入侵，渡过黄河，南下开封时，惊恐万分的赵佶才感到形势危急，忙让位给太子赵桓。靖康元年（1126年），金兵攻破汴京，北宋灭亡。这就是后人说的"靖康之耻"。

元代史官脱脱在撰写这段历史时，不由喟叹道："宋徽宗什么都精通，却偏偏不懂如何治理天下！"

听琴图

吟徵调商弄下桐
松间疑有入松风
仰窥低审含情客
以听无纵一再中
臣京谨题

据说抚琴者为宋徽宗赵佶。蔡京题诗。

宋·赵佶《听琴图》

夫巧者劳而智者忧。

【注释】

劳：辛苦。

【译文】

有能力技巧的人更辛苦，聪明睿智的人更多忧虑。

【道理】

才华横溢的人通常被自己的才华所累，被权力所逼迫时，应该收敛锋芒，避免招来祸患和耻辱。

戴逵破琴

晋代的戴逵，年少时就博学多才，谈吐非凡，写得一手好文章。这位雅士工书画、善鼓琴，还懂得多门技艺。当他还是个小孩时，就用鸡蛋清调和白瓦屑作了《郑玄碑》；又写文章自己镌刻，辞藻华美，外形精妙，当时的人都惊叹他敏捷聪慧、才华出众。

戴逵淡泊名利，不喜欢世俗应酬，常常以琴棋书画自娱自乐。他虽然隐居，但高超的琴技却被人广为传诵，名声传到了当朝太宰武陵王司马晞耳朵里。司马晞派人前去邀请戴逵到王府弹琴助兴。戴逵一听使者的来意，面色大变，当着使者的面把自己心爱的琴一摔，琴碎成几段，金徽玉轸散落一地。戴逵指着地上的碎琴对使者说："戴逵不是王府的伶人！"从此之后，他不再弹琴，这让当时的人都觉得非

颜氏家训

名句·处世篇

70

常遗憾、叹息不已。而司马晞愤怒
之余，也拿他没有办法，只好悻悻
作罢。

明·陈洪绶《仿唐人蕉阴赏古图》

人生难得，无虚过也。

【注释】

略。

【译文】

人生在世，非常难得，不能虚度。

【道理】

人生短暂，如白驹过隙，只争朝夕。

一鸣惊人

春秋时期，天下纷争不息。各国诸侯对外想要吞并弱国小国，称霸一方，对内要防止权贵大臣争权篡位。可面对这样复杂危险的政治环境，楚庄王执政后依然表现得平庸无为、不思进取。头三年，他除了骑马打猎、饮美酒赏歌舞，就没干正事。有臣子想要劝谏他好好治理国家，不想楚庄王在朝堂大门外张悬告示，说谁要是敢进谏，就立刻处死他。

这时，右司马就问他说："大王，有只鸟栖息在南方高山上，三年里一动不动，既不展翅高飞，也不鸣叫歌唱，您知道这鸟叫什么吗？"楚庄王明白这是在隐喻自己的行为，就回答他说："三年不展翅膀，是因为在长羽翼。这只鸟啊，它是在观察周遭的环境呢。你看它现在不飞也不叫，等它飞起来就会一飞冲天，等它叫起来就会一鸣惊人。我已经明白你的喻义了，你就等着瞧吧。"于是楚庄王不再沉迷于歌舞田猎，亲自处理各项政务，做到赏罚分明：放逐奸佞权臣，启用良将治理国家。于是，楚国势力越来越强盛，而楚庄王后来也成了威名赫然的春秋五霸之一，一度问鼎中原。

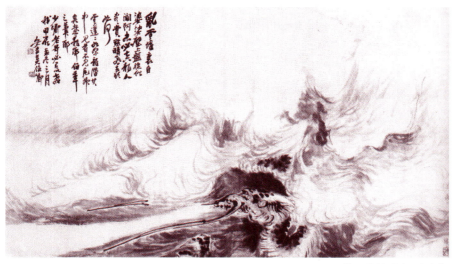

近代·吴昌硕《云中龙》

观天下书未遍，不得妄下雌黄。

【注释】

雌黄：矿物，也指用矿物雌黄制成的颜料。古人写字绘画有误，则用雌黄涂抹修改，能久而不脱。

【译文】

读书不广泛到一定的程度，不能信口开河，随意下结论。

【道理】

在日常生活和学习中，切忌一知半解、自以为是。

蔡司徒误食蟛蜞

东晋重臣蔡谟是一位有胆有识、精通医术的人，他辅佐了东晋好几代皇帝，深受时人推崇。但就是这位博学多闻的人，也曾因信口开河闹下过笑话。

永嘉之乱后，中原人纷纷向南迁徙，东晋朝廷也在南渡之后建立起了新的政权。时任司徒的蔡谟是北方人，从来没见过螃蟹，一到南方，偶然发现了蟛（péng）蜞（qí）这种动物。虽一时记不清书中对螃蟹的具体描写，仍自负地说："有八条腿，还长着两只螯钳，这不正是书上说的螃蟹吗？"便立刻命人把它煮来吃了。不料吃下去不一会儿，蔡谟便上吐下泻，万分狼狈，就医后才知道自己吃的是蟛蜞而非螃蟹。

　　蔡谟郁闷地把这件事情告诉大臣谢尚。谢尚哈哈大笑，打趣他说："你呀，书读得不熟，又自以为是，差点白白送了命。"

　　原来，荀子在《劝学篇》里说蟹有六条腿，而蔡谟没记住原文，又生搬硬套，才犯了错误。

宋·马和之（传）《唐风图——采苓》（局部）

老人手中竹篮装满野菜，两人向其问采自何处，老人遥指深山，而其身后即有茂盛的野菜。喻勿道听途说。

光阴可惜，譬诸逝水。当博览机要，以济功业；必能兼美，吾无间焉。

【注释】

略。

【译文】

时间很宝贵，就像流水一去不返。应博览经典著作，学习重要的义理，以助于建功立业。如果能做到又博又专，我是更加赞同，而不批评的。

【道理】

人生苦短。青年人应只争朝夕，努力学习，才能大有作为。

闻鸡起舞

祖逖和刘琨是历史上非常有名的爱国将领。他们所处的时代正是南北分裂、动荡不安的东晋末期。因为都有平定中原、收复河山的雄心壮志，两个人结成志同道合的朋友。

在共同担任司州主簿的时候，刘琨和祖逖同床而眠。有一次半夜鸡叫，祖逖从睡梦中醒来，用脚踢醒刘琨说："快听！这不是公鸡鸣晨吗？"刘琨眼也没睁地说："这明明是半夜鸡叫，不吉利啊。"祖逖说："哪里不吉利？它是在提醒我们时间不早了，快起来练剑吧！"刘琨一听，连忙称是，两个人就起身在月下翩翩舞起剑来。

从此之后，他们一听到鸡叫就起床练剑。经过长期不懈的锻炼，

颜氏家训

名句·治学篇

两人的文才武略都大大提高，带兵打仗时一呼百应，得到了很多人的拥护。后来两人都成为北伐的重要将领，并相互赶超和激励，最终为晋室收复了部分失地，防止了北方少数民族南下入侵，得到了广大人民的爱戴和赞誉。

明·仇英《人物故事图——竹院品古》（局部）

> 夫学者犹种树也，春玩其华，秋登其实；讲论文章，春华也，修身利行，秋实也。

【注释】

华：花。

【译文】

学习就像种树，春天赏花，秋天收获果实。学习到的文章义理，就像是春花；学到的修身和做人的准则，就像是秋果。

【道理】

读书足以怡情，足以傅彩，足以长才。

韦贤满籝

韦贤是汉代鲁地的一位大儒。他为人质朴寡欲，专心治学，通晓《诗经》，兼善《礼记》《尚书》等。他以教授《诗经》为业，被人们称为"邹鲁大儒"。韦贤后来被朝廷征为博士，给汉昭帝讲解《诗经》，官至大鸿胪（心）。

韦贤作为帝师，深受朝廷上下尊重。到汉宣帝本始三年（前71年），韦贤代替蔡义做了丞相，还被封为扶阳侯。做丞相五年之后，韦贤已经七十多岁了，他上书希望自己能告老还乡，皇帝允准，并赐给他黄金百斤。丞相到了年龄就退休，这个惯例是从韦贤开始的。

韦贤对自己的几个儿子要求很严格，亲自教他们读书明理；在父亲学识和人品的熏陶下，几个儿子也很争气，各有所成，其中一个儿子还因学识渊博官至丞相。所以邹鲁地区就流传着这样一句谚语：

"与其留给儿孙满籝（yíng）的黄金，还不如留给他们一本书。"

清·任伯年《清香》

> 谈说制文，援引古昔，必须眼学，勿信耳受。

【注释】

略。

【译文】

在谈话和写文章的时候，援引古人和昔日的事情，必须是自己从书中读到的，而不是听来的。

【道理】

道听途说容易犯下生搬硬套的毛病，甚至可能以讹传讹，闹出笑话。

得卖"韭黄"

杨亿是北宋著名的文学家，也是"西昆体"诗派的代表人。他博闻强记，参与过修撰大型类书《册府元龟》。作为一个才华横溢的诗人和学者，他对自己和门生的要求都非常严格。

有一次，杨亿告诫门生说，写文章一定要雅致，内容和形式都必须符合要求，最好句句都为化用典故而来。说完，他就亲自写了一篇奏表以作示范，并摇头晃脑地念出了得意之句："伏惟陛下德迈九皇。"意思是说：陛下的圣德超越了天三皇、地三皇和人三皇。这个典故实在用得生僻，门生们听后面面相觑、不知所云。

其中有一个叫郑戬的人，琢磨了片刻，站起来请教杨亿说："未审何时得卖生菜？"意思是说：不知道什么时候能卖生菜呢？

周围的人更如坠入五里雾中，摸不着头脑。郑戬不慌不忙地解释道："既然'得卖韭黄'，那也'得卖生菜'吧？"

杨亿听后也不禁捧腹大笑。他知道学生是在揶揄自己，就大笔一挥，将诗句板书示众，之后也不再强求门生使用典故了。

清·苏六朋《人物故事二则》（一）

> 生而知之者上，学而知之者次。所
> 以学者，欲其多知明达耳。

【注释】

略。

【译文】

生来不学就了解道理的是最聪明的人，通过学习而获得知识的人次之。人之所以要学习，就是为了多多增长自己的才智。

【道理】

"上下而求索"，勤于思考自己的不足、他人的盲点，只有这样坚持不懈地学习，才能真正得到智慧，学有所成。

《左传》癖

西晋时人杜预出生于世家，曾任镇南大将军。他不擅骑马，射箭也从来射不穿敌人的铠甲。但是因为杜预博览群书学识渊博，战术战略成竹在胸，每次遇到战争大事，都能制定出得当的策略，使军队化险为夷，大获全胜，从而立下许多功勋。

杜预从小就爱读书，沉迷于《左传》，长大后，下苦功，汇百家之说，成一家之学——《春秋释例》。由于书中的义理太深奥，当时很多做学问的人读不通、想不明，便不把他的书放在眼里。只有秘书监挚虞很赏识他，说："左丘明为《春秋》作传，其他人看不懂，所以此书孤行于世。杜预的《春秋释例》又是为解释《春秋左传》而

颜氏家训

名句·治学篇

作，他深入的理解和对义理的发挥又岂仅限于《左传》的内容呢？所以这本书其他人看不懂，也只能孤行于世。"因此，一有机会，挚虞就推举杜预，杜预也不负其望，颇得皇帝赏识。

当时，大臣王济很擅长相马，也喜欢养马；另一个大臣和峤爱财，收藏了很多金银珠宝。杜预说："济有马癖，峤有钱癖。"这句话传到了晋武帝司马炎耳朵里，司马炎就问杜预说："那爱卿有何癖好？"杜预说："为臣只有《左传》癖。"

元·王冕《梅花图》

若能常保数百卷书，千载终不为小人也。

康侯训侄

　　胡安国，字康侯，是南宋著名的理学家，也是湖湘学派的创始人之一。侄子胡寅从小就过继到他家。胡寅小时候顽皮鲁莽，让胡安国一家人很头痛，不知道该如何教导。然而胡安国面对胡寅的不驯，既不责骂也不鞭打，只是将他关到阁楼里。任凭胡寅在里面又哭又闹，胡安国就是不放他出来。

　　阁楼里放着上千卷书。胡寅闹腾了半天见没人理睬，只好安静下来，百无聊赖就随手拿一本书翻一翻。哪知，胡寅不知不觉就沉醉于书中的世界，每日手不释卷，连家人送来的饭菜，他也常常顾不上及时吃。对于胡寅的变化，家人看在眼里，喜在心上。

　　一年过去了，胡安国把胡寅唤到跟前，想看看他这一年有多少收获。没料到，随意提到一本书，胡寅竟能一字不差地背诵下来；并且，这时候的胡寅待人接物彬彬有礼，丝毫没有以往顽劣不驯的样子。这让全家人惊喜不已。

宋徽宗宣和三年（1121年），胡寅考上了进士，官至礼部侍郎，成了一位有名的学士。

清·钱杜《紫琅仙馆图》（局部）

但患知而不行耳。

【注释】

略。

【译文】

不患不知道，而担心明白道理

却不能去实行。

【道理】

知易行难。

白居易问禅

唐代诗人白居易一生虔信佛教。他被朝廷外放到杭州做官时期，闻名去拜访鸟巢禅师。

鸟巢禅师是个修行极高的僧人，他在山中一棵大树上搭建了一个酷似鸟窝的茅草窝棚，就住在上面。白居易好不容易找到他，请教道："大师，什么是佛法的精髓呢？您能用一句话讲清楚吗？"

鸟巢禅师闭目静坐，良久说了八个字："诸恶莫作，众善奉行。"就是说，凡是为恶的事就不要去做，只要是为善的事就应该去践行。白居易觉得禅师在敷衍自己，摇着头失望地说："这两句话，连三岁的小孩都讲得出来。"

鸟巢禅师微笑道："是啊，三岁的小孩都知道这个道理，但是八十岁的老翁也不能全做到。这就是最高的佛法啊。"

真正的大道理每个人都懂，但多数人很难坚持践行。想到这里，白居易深感佩服，恭敬地向鸟巢禅师行礼致谢。

明·仇英《人物故事图册·抱柳花图》

金玉之磨莹，自美其矿璞，木石之段块，自丑其雕刻；安可言木石之雕刻，乃胜金玉之矿璞哉？不得以有学之贫贱，比于无学之富贵也。

【注释】

莹：磨治玉石。矿璞：指未经雕琢的矿质。

【译文】

磨治过的金玉，之所以好看，是因它本身美；木石再怎么雕琢，也有不足媲美的地方。又怎么可以说雕刻过的木石胜过未琢磨的金玉呢？所以，也不能将有学问的贫贱之士与没有学问的富贵之人相比。

【道理】

精神世界的富足更能让人满足。孔子说："富贵于我如浮云。"即是此意。

不羡窟郎

中唐时期有个叫李兼的人家中非常富有，金银财宝不计其数，多到无处可放。当时的人都说他家的财物堆起来能装满足足百间屋子。

李兼生了个儿子叫窟郎，这个孩子从小锦衣玉食，无忧无虑，只要是他想要的东西，没有得不到的。骄奢的家境使他养成了好逸恶劳、不学无术的恶习。可惜，在窟郎年少时期，父亲被奸人所骗，生意失败，李氏家业败落，金银散尽。李兼一气之下撒手西去，从小娇生惯养的窟郎无一技傍生，只能流落街头，过着饥寒交迫的日子。

诗人杜牧为此写了一首《冬至日寄小侄阿宜诗》，以告诫小侄儿阿宜要以读书为要务，因为即使父辈有金玉，也不能永保子孙安康。从此之后，"窟郎"就成了败家子的代名词，它时时提醒着人们：与其羡慕别人富贵的出身，不如刻苦学习，因为只有真才实学才是安身立命的根本。

清·恽（yùn）寿平《绿云红艳图》

> 文章当以理致为心肾，气调为筋骨，事义为皮肤，华丽为冠冕。今世相承，趋末弃本，率多浮艳。

【注释】

理致：义理情致。气调：气韵格调。事义：事典意义。

【译文】

写文章，当以义理情致作为文章的心肾主宰；以气韵格调为文章的筋骨，融入事典和意义好比赋予文章以皮肤；最后将华美的辞藻点缀其间，宛若给文章戴上冠冕。传承到今日，人们却舍本逐末，写出的文章大多都浮华艳丽而不实在。

【道理】

华而不实是写文章的大忌。

浮夸的汉赋

司马相如是有名的辞赋家，他的文章华丽宏富、气势磅礴。汉武帝在读到他写的《子虚赋》时，万般欣赏，便立刻召见司马相如。君臣相见，相谈甚欢。

汉武帝沉迷于打猎，司马相如就写文章想劝谏。他洋洋洒洒写出《上林赋》，想通过描写天子苑囿的广大、野兽飞禽的众多、山水风光的曼妙来暗讽皇帝的奢侈、疏于政事。可汉武帝一看，深深为这美妙的情景所吸引，反而越发增添了打猎的兴致。汉武帝喜欢神仙方术，司马相如便写了《大人赋》，本意是劝诚皇帝不要追求虚妄的仙术，结果汉武帝读后浮想联翩，仿佛云游在天地之间，飘飘欲仙。

司马相如的佳作不仅没有达到讽谏天子的目的，反而极大地鼓励了君主的不良行径。所以汉代的文学家扬雄在评价司马相如的文章时说："靡丽之赋，劝百而讽一，就像是郑卫靡靡之音，即使曲终而奏雅，也只是儿戏罢了。"

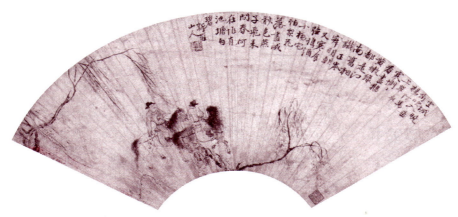

清·华喦（yán）《探春图》

夫所以读书学问，本欲开心明目，利于行耳。

【注释】
略。
【译文】
读书学习，其根本的目的在于启发人的心智，开阔人的视野，以利于规范人的品行。

【道理】
读书能使人增长知识、获得智慧；而能够将知识灵活应用，那才算个人的才能。

梁元帝焚书

梁元帝萧绎从小就聪颖好学，酷爱读书。他在十二岁时身患疥疮，手不能握拳，膝盖不能弯曲。但即使这般疼痛难忍，他依然日日勤学不辍。遇到不理解的词句，萧绎都会认真查阅资料，反复研读和揣摩，不知厌倦；不仅如此，他还经常和麾下的文士一起吟咏唱和，研究各种典籍。常年的勤奋好学使得他出口成章、下笔成文，给后世留下了《金楼子》等珍贵的文化遗产。

但是，西魏大举南侵，江陵很快就被敌人攻陷了。身处国破家亡的境地，梁元帝将毕生收藏的十四万余卷图书全部付之一炬。旁人非常心痛，问他为何焚书。萧绎回答说："我读书万卷，还是落得今日这般下场。留下这些书又有何用？还不如烧掉。"后人莫不痛惜。

明代的王夫之就此曾说："书有什么辜负了梁元帝的地方呢？"不检讨自身在政治上的失败，还将罪责归咎于读书太多，梁元帝真是比焚书坑儒的秦始皇还愚蠢啊。

清·恽寿平《万卷书楼图》

有学艺者，触地而安。

【注释】
　略。
【译文】
　有学识和技艺的人，随时都能找到安身之地。

【道理】
　人有一技之长，才能安身立命。

善呼之客

公孙龙在赵国的时候，对自己的门客说："没有技能的人，我是不与他结伴交游的。"

一天，有一个人来拜见公孙龙，想要做他的门客。公孙龙上下打量着这个其貌不扬的人，良久才说道："你有什么才能吗？"只听这个人声如洪钟，说道："我什么也不会，就是善呼——声音大。"公孙龙听罢，略一犹豫，还是收下了他。其他门客都瞧不起他："善呼算哪门子技艺啊？这个人不过是来混吃混喝罢了。"

过了一段时间，公孙龙有要务在身，带着门客们急赴燕国。走到大河边上，大家发现只有一条大船可以载他们过河。可是那条船在宽阔的河流中央，远远望去，船夫小到几乎看不见。这时候公孙龙想起了那个善呼的人，对他说："你喊船夫过来吧。"

于是那人把手放到嘴边，只呼了一声，大船就向他们驶过来了。一群人顺利登上了船，自此，众人对这位善呼之客刮目相看。

清·吴历《人物故事图册》（之一）

毛遂自荐，随赵国平原君同往楚国求救。

但成学士，自足为人。必乏天才，勿强操笔。

【注释】

略。

【译文】

要成为一个学士，得靠自己后天努力读书、积累知识；而如果没有写作的天赋，切勿勉强创作。

【道理】

可以通过后天习得的，那是知识，应该努力获取；不需要学习就具备的，那是天生的禀赋，没有必要强求。

石动筒作诗

石动筒是北齐神武皇帝高欢的御用戏子，为人诙谐幽默，并且对儒家经典非常熟悉，具有较高的文学素养。

高欢非常喜欢附庸风雅，常常召来臣子吟诗作赋。许多大臣虽不是写诗作文的料，但为了投其所好，仍埋头苦研作诗技巧，只可惜费力作出来的诗仍是不值一提。这让石动筒暗自嗤之以鼻。

一次，高欢对郭璞《游仙诗》中优美的意境称善不已，连连嗟叹："好诗！好诗！"诸位臣子也连声附和："圣上说的极是，这首诗非常工整。"

石动筒灵机一动，打算趁机调侃一下这群喜欢拍马屁的大臣。他

颜氏家训

名句·治学篇

起身说："这首诗写得很普通嘛。别说在座各位大人，就是让我来写，也绝对胜过郭璞一倍！"一听这话，高欢很不高兴，对石动筒说道："你只是个戏子，居然敢称自己能超过郭璞一倍，简直妄自尊大，想找死吗？"石动筒也不恐慌，笑嘻嘻地说："如果我的诗不能胜过郭璞一倍，那我就心甘情愿被拖去砍头。"

说罢，石动筒清清嗓子，继续说道："郭璞《游仙诗》云：'青溪千余仞，中有一道士。'我作的诗是：'清溪两千仞，中有两道士。'"一边说，他一边伸出两个指头，"难道不胜过他一倍吗？"

高欢大笑绝倒。而那些成天吟诗作对、溜须拍马的大臣不免赧然。

清·王仕锦《临流读书》

凡为文章，犹人乘骐骥，虽有逸气，当以衔勒制之，勿使流乱轨躅，放意填坑岸也。

【注释】

骐骥：千里马。轨躅（zhú）：轨迹，此处喻指规范法则。

【译文】

写文章，如同人骑千里马，虽然飘逸，但也应该勒紧缰绳，不要让它随意乱跑，以致坠入沟壑。

【道理】

才华横溢的人要注意收敛，以免为文过多夸饰，华而不实。

萧楚材改诗

宋代名臣张咏为人慷慨豪爽，他创作的诗歌也往往是一气呵成，风格豪放而险峻。

有一天，张咏宴请下属吃饭，溧阳县县令萧楚材也在其中。酒足饭饱之后，大家纷纷前往张家花园观赏园中美景。萧楚材无意走进了张咏的书房，看到书案上摆放着一首刚刚写就的绝句，便饶有兴趣地凑过去看。当读到"独恨太平无一事，江南闲煞老尚书"一句时，萧楚材的眉头皱紧了，想了想，便拿起笔把其中的"恨"字划掉，改成"幸"字。

张咏很快发现自己的诗被人改了，怒火中烧，大声问道："谁擅自改了我的诗？"萧楚材不慌不忙地起身说："大人您位高权重、刚正不阿，许多奸邪小人都忌恨您、暗中盘算着中伤您。不错，这首诗写得意气风发、踌躇满志，但若是被奸人故意曲解利用，就可能给您招来杀身之祸啊。"

张咏听后连忙点头称是。

清·佚名《花卉草虫图》（之一）

> 有志向者，遂能磨砺，以就素业；
> 无履立者，自兹堕慢，便为凡人。

【注释】

素业：学业。履立：践行、树立。

【译文】

有志向的人，方能磨砺自己的心性，成就学业；没有志向的人，容易就此懒惰散漫，终成碌碌无为的平庸之辈。

【道理】

有志者事竟成。

宗悫尚武

南北朝的宗悫（què），小时候体弱多病，但非常顽皮。当时天下太平无事，士人大多以学习儒家典籍为终身大业，宗家的年轻人也不例外。唯独宗悫不屑读书而爱好习武，日日苦练不辍。叔父宗炳就问他："你如此年少，不立志学文，到底有什么理想和志向呢？"宗悫应声回答道："我要习得高强武艺，乘长风破万里浪！"见他自信满满、口气不小，宗炳便嗟叹说："你虽身体瘦弱，但胜在志向高远、意志坚定，专心习武，日后或有所成。"受到叔父的肯定和鼓励，宗悫更加刻苦地练习着。

几年后的一晚，宗悫家里来了十几个强盗。他们自恃人多势众，居然大摇大摆进屋打劫。时年十四岁的宗悫毫不胆怯、挺身而出，凭着一身好武艺，打得强盗狼狈不堪、抱头鼠窜，还帮乡邻取回了被窃的财物。宗悫的英勇故事很快传开了，大家纷纷赞扬他有将帅之才。

后来，战争爆发，宗悫义无反顾地请愿出征。皇帝听闻他有勇有谋、武艺高强，就封他为振武将军。宗悫也不负众望，在战争中立下了赫赫战功。

宋·李迪《猎犬图》

江南谚云："尺牍书疏，千里面目也。"

【注释】

尺牍：古人书写文字的木质载体，也指代书信。

【译文】

江南有谚语说："书信传达到千里之外，展现出书写者的音容笑貌。"

【道理】

字如其人，写得一手好字，能给人增添不少气韵。

难辨己书

宋代有一位丞相叫张商英，此人素来喜欢写草书，但他的草书写得毫无章法，不仅谈不上美感，就连辨认都很困难。

一日，张丞相在书房写文章。他沉思良久，突然灵感喷涌而出，想到一首绝佳好诗。他立刻提笔，一阵疾书，满纸龙飞凤舞。

张丞相搁笔之后，就让侄儿来誊写。可这字写得实在是太潦草了，侄儿看得一头雾水。他硬着头皮、连猜带蒙地抄了几个字便实在没辙了，只好拿着原稿去问张商英。

张丞相拿着自己的大作，眯着眼睛仔细看了半天，竟也有好些字认不出来，遂瞪圆双眼，将手稿往书案上一拍，怒气冲冲地说："你怎么不早来问我？现在连我都忘记自己写的是什么了！"

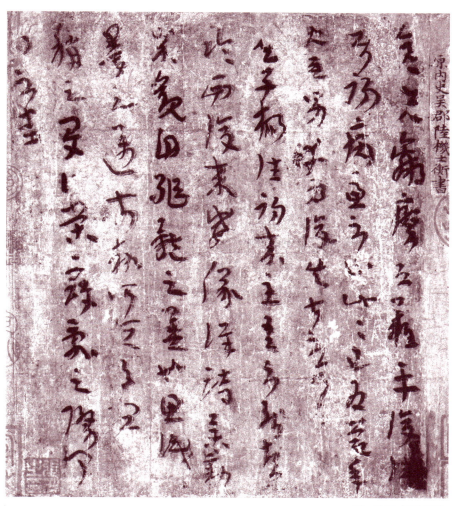

晋·陆机《平复帖》

《平复帖》为草书，是传世最早的书法真迹。

人生小幼，精神专利，长成已后，思虑散逸，固须早教，勿失机也。

【注释】

略。

【译文】

人在小的时候，精神专注，感觉锐利；长大以后，思虑分散。所以应重视早期教育，不要错失最好的学习时机。

【道理】

在精神最集中、记忆力最好的时候努力学习，这样才能事半功倍。

牛角挂书

隋代的李密从小便立志以才学显著于世，遂发奋读书，一刻也不松懈。

李密读书刻苦到了惜时如金的地步。有一天他坐牛车去看望朋友，为免浪费时间，他把整卷《汉书》挂在牛角上，就这样边行边用功看书。这一幕被迎面而来的越国公杨素看在眼里，他不禁跟在李密的后面，并悄悄打听道："哪来的读书人，居然如此勤奋？"

不一会儿，李密发现了杨素，他知道杨素贵为越国公，便赶紧下车行礼，报上姓名。杨素问李密读的什么书，李密回答："《汉书》。"杨素叹服，觉得李密不同寻常，便与他成了忘年交。李密

"牛角挂书"的故事很快流传开来，成为好学用功的佳话。

最终，勤奋好学的李密靠着自己过人的才学和胆识，在隋末大乱时成为瓦岗军的著名首领。

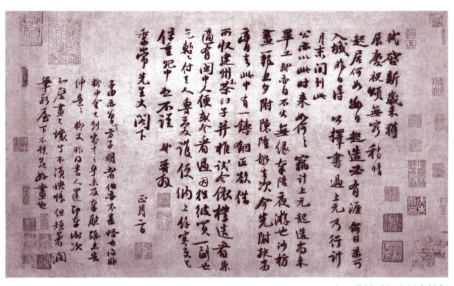

宋·苏轼《新岁展庆帖》

幼而学者，如日出之光，老而学者，如秉烛夜行，犹贤乎瞑目而无见者也。

【注释】
　　略。
【译文】
　　小时候学习，就像在日出时的光明中前行；年老了才学习，就像是拿着蜡烛在夜里走路。即使这样，也比一辈子浑浑噩噩闭着眼睛什么也看不到的人要好。

【道理】
　　只要肯学习，什么时候开始都不晚。

詹义自嘲

　　古代有个叫詹义的读书人，从年轻时起每年的科举考试都参加，但成绩始终不理想，次次榜上无名。每次考试成绩一张榜，许多苦读多年却名落孙山的人便垂头丧气、一蹶不振，打起了退堂鼓；而詹义总是默默地收拾起失落的心绪，不顾亲友的劝阻，坚持回到学舍继续奋斗，准备从头再来。

　　就在年复一年的努力下，终有一日，大家发现这位白发苍苍的老人榜上有名，考取了秀才。此时詹义已经七十三岁了。恰逢旁边有个年轻女子经过，就打趣他说："您今年高寿啊？这把年纪还能上榜，可真算得上皓首穷经了。"詹义就写了一首诗向她解释，也半为幽默自嘲："读尽诗书五六担，老来才得一青衫。佳人问我年多少，五十年前二十三。"旁人看了不由得深深敬佩这位坚持不懈的老学者。

俗话说：人到七十古来稀。一个人能坚持学习到古稀之年，最终老有所成，这就值得那些一遭遇挫折就打退堂鼓的年轻人学习了。

明·周臣《春泉小隐图》（局部）

盖须切磋相起明也。见有闭门读书，师心自是，稠人广坐，谬误差失者多矣。

【注释】

师心：以自己的心为师。自是：自以为是。稠人广坐：指大庭广众。

【译文】

学习需要相互切磋、相互启发和指明错误。我见有人喜欢闭门读书，自以为是，在大庭广众之下发表言论则错误百出。

【道理】

独学无友则孤陋寡闻。

独学寡闻

宋哲宗元符年间，姚祐被授予杭州学教授一职。有一次，他想随堂测试诸生温习的情况，就拿着自己买的福建地区印刷的《易经》出了一道考题。题目是这样的："《易经》中有'乾'为金，'坤'亦为金的说法，这是为什么呢？"

因为福建印刷的书籍版本有错讹，原文"坤为釜"的"釜"字错印为"金"字，所以姚祐一直误读为"坤为金"。见老师出了这样一道怪题，诸生非常疑惑，不知所以，只好说不知道，请老师解读。姚祐就按照自己之前的理解，穿凿附会讲解了经义。听完后，一个学生忍不住起身说："老师，我这里有官家的标准书，好像和你讲的不一样。"姚祐翻开官本一瞧，上面明明白白写的是"釜"字。他不由得面红耳赤，非常羞愧地对学生说："原来是福建版本有误。我读的时候就存疑，却没查证、求教便来教学，差点就误人子弟了。"

清·钱杜《读书图》

子当以养为心，父当以学为教。

【注释】
略。

【译文】
做子女的要将孝顺赡养父母放在心上，做父亲的要以引导学习作为教育孩子的根本。

【道理】
当父母与子女的人生观、价值观相冲突，甚至身处不同的立场和阵营中时，子女以善意的谎言宽慰父母，这也是孝顺之心的体现。

郗超的孝心

东晋大臣郗（xī）超从小就聪明过人。他和父亲郗愔（yīn）有诸多不同：父亲信仰道教，郗超信仰佛教；父亲乐于聚财，郗超喜欢施予；父亲对东晋皇室忠心耿耿，郗超却是野心权臣桓温的部下。

郗超得了重病。此前，他一直为桓温篡权出谋划策，但隐瞒着父亲。临死之时，郗超拿出一箱书信，叮嘱门生说："我本来要烧毁这些书信的，但是考虑到父亲年纪大了，还要经受我先他而去的痛苦，一定会哀痛至极而影响身体健康，所以我决定留下这些书信。我死后，父亲要是寝食难安，你就把书信给他看；如若不然，你就偷偷烧掉好了。"

郗超去世后，郗愔果然哀伤成疾。门生就按照郗超的遗嘱把书信交给郗愔。书信的内容全是郗超和桓温密谋篡权的事情，郗愔看后大怒，从此不再为郗超的死悲伤哭泣。

郗超通过让父亲对自己失望和厌憎来摆脱丧子的哀痛，这正是一个儿子对父亲最后的孝顺和爱啊！

明·高阳《长松湖石图》

谚曰："积财千万，不如薄伎在身。"

【注释】

薄：微小的。伎：同"技"。技能，本领。

【译文】

俗话说：财富累积千万，还不如有一技在身。

【道理】

授之以鱼，不如授之以渔。学到终身可用的本领，比得到一时的好处更重要得多。

一葫千金

从前，有个富人和卖葫芦的穷人搭同一条船过河。富人怀揣千金，得意扬扬，他瞥见卖葫芦的穷人背上只背着大小几个葫芦，一副落魄穷酸的样子，就露出了不屑的神色。

河面非常宽阔。船行至河心的时候，突然出了故障，眼看就要散架沉没了，一时间船上的人都慌了神。在尖叫声中，富人和穷人一同掉进了水里。富人虽然会游泳，但是因为身上的财宝太沉，根本就游不动；而穷人抱着自己的大葫芦，顺着水流从容漂浮着。富人这才意识到自己的危险景况，扑腾着对穷人说："救命！让我也搭一把吧，我把我的财宝都给你！"

一个葫芦，在关键的时候能比得上千金，这并不是因为贵贱无常，而是因为时运造化凸显出它的价值。一个只懂雕虫小技的人，也比守着一堆财宝却身无长处的人活得更安全更自信。

清·张莹《同舟图》（局部）

上智不教而成，下愚虽教无益，中庸之人，不教不知也。

【注释】

中庸：此指资质平平。

【译文】

天资聪颖的人，不需传授知识便能明了是非；天生愚钝的人，再多的教育也无济于事；那些智力和品性都平平的人，必须要接受教化才能有所成就。

【道理】

一个人天资再优良，也需要接受教育，从而更全面地发挥自己的才能；而资质平平或有所欠缺的人，更应该通过学习来激发潜能，弥补不足。

子路受教

子路勇猛，在孔子周游列国的过程中，他又当车夫又当侍卫，深受孔子器重。

有一次，子路去拜望孔子。孔子问他："你有何长处呢？"子路毕恭毕敬地说："我有力气和胆量，喜欢舞弄长剑。"孔子说："我问的不是这个。你现在只是身体素质比他人好罢了，如果再加上勤奋学习，修炼品行、增加学识，别人还怎么能赶得上你呢？"子路说："我听闻南山有一种特殊的竹子，不需后天塑造就能长得很直，砍下来当箭射出去，能穿透犀牛皮做成的护甲呢。按这样的道理，一个人只要天资好，又何必勤学苦练呢？"孔子莞尔一笑，从容说道："这竹子做成的箭，若是在尾部加上羽毛，又磨尖箭镞，让它更锋利，不就能射得更远吗？”

子路明白了：老师是提醒自己应在学业上勤学苦练、精益求精，不满足于现状啊！他马上拜谢说：“您的教诲真让我受益匪浅。”

清·《白描十六应真》（之九）（顾绣）

应真，即罗汉（也称阿罗汉）。

无教而有爱，终为败德⊙吾见世间，无教而有爱，每不能然：饮食运为，恣其所欲，宜诫翻奖，应诃反笑，至有识知，谓法当尔。骄慢已习，方复制之，捶挞至死而无威，忿怒日隆而增怨，逮于成长，终为败德。

【注释】

运为：所为。

【译文】

我发现世上很多父母，盲目爱自己的子女而不管教，这让人不能理解：饮食和行为上，想要什么就给什么，该训诫时反倒鼓励奖赏，该呵斥时反倒大笑。等子女长大懂事，就认为自己是正确的。他们傲慢成了习惯，父母这时候才来制止，徒然打骂也不能树立威信，只能增加子女的怨愤，最终导致他们在德行上的损害。

【道理】

父母的教导在孩子成长的初期是极为重要的：它不仅能规范孩子的行为，还能长久地影响他们的人生，帮助他们树立起正确的人生观、世界观。

州吁之乱

卫庄公有好几个儿子，其中，公子州吁非常得他的宠爱。州吁野心勃勃，仗着父亲的宠爱，偷偷结集自己的势力。

老臣石碏（què）进谏说："爱孩子，就要教给他做人的规矩和道理，而不能满足他们不正当的要求。骄奢淫逸，只要有了这四点毛病，就容易走上邪路。现在，您对州吁的宠爱和给他的俸禄都大大超过了对其他公子的程度。如果您准备立他为储君，就马上确定了吧；如果觉得他不能做继承人，这样无度地宠爱下去就容易产生祸患。自古以来，被宠爱而不骄傲的，骄傲却还能甘于地位低下的，地位低下还不会心生怨恨的，怨恨在心还能克制行为的人，几乎没有啊！"

可庄公并没有把这话听进去。等他去世后，桓公继位，公子州吁就谋杀了自己的兄长，取而代之。州吁穷兵黩武，最终众叛亲离，在位不到一年就被臣子诛杀了。

晋·王羲之《丧乱帖》（局部）
据考，《丧乱帖》书于永和十二年（356年），为王羲之晚年佳作。

> 笞怒废于家，则竖子之过立见；刑罚不中，则民无所措手足。治家之宽猛，亦犹国焉。

【注释】

笞：指鞭打杖责等刑罚。不中：不恰当。

【译文】

废弃了杖笞之类的家规刑罚，那么孩子的过错立刻得以表现；若国家的刑罚不当，老百姓就会不知所措。治家和治国的道理一样，应该注意宽严相济。

【道理】

制定家规国法应该秉持惩恶扬善的目的，宽严相济，方能使人们以道德自律。

绝缨之宴

平定叛乱后，楚庄王大宴群臣，并让最宠爱的许姬为大家添酒助兴。席间轻歌曼舞、觥筹交错，直到黄昏仍未尽兴。天色渐晚，庄王命人点燃蜡烛，继续痛饮。突然吹来一阵风把烛火吹灭了，趁着黑灯瞎火，有人扯住了许姬的衣裳，想轻薄她。许姬情急中扯下了那人的帽带，并向楚庄王告状，请求他下令燃灯，抓住那个好色之徒。

楚庄王虽然有些生气，但想了一想，说道："大家喝酒喝高兴了难免会有失礼的行为。我岂能因为这种小事而侮辱我的臣子呢？"于是他下令让在场所有人都摘下帽带，纵情畅饮。最终大家尽兴而归。

在觥筹交错间，这段小插曲也就无人问津，不了了之。

后来，在围攻郑国的战役中，楚庄王发现有一个叫唐狡的猛将冲锋陷阵、无所畏惧，五次带领士兵打退敌人。庄王很吃惊，问他为何如此英勇无畏。

唐狡回答说："我正是当年在酒宴上被扯掉帽带的罪人。因为大王您有宽大的心胸，原谅了我的失礼，不仅没有惩罚我，还替我保全了名誉，这让我感激不尽。我愿意为您出生入死，在所不辞。"

古人云："君则敬，臣则忠。"楚庄王能够成为"春秋五霸"之一，与其心胸开阔、知人善用不无关系啊！

宋·马和之（传）《豳（bīn）风图——九罭（yù）》（局部）
借撒网捕鱼，喻挽留周公。

> 兄弟者，分形连气之人也。方其幼也，父母左提右挈，前襟后裾，食则同案，衣则传服，学则连业，游则共方，虽有悖乱之人，不能不相爱也。

【注释】

略。

【译文】

兄弟之间，形体分开而气血相通。当他们还年幼时，父母左手拉哥哥，右手牵弟弟；哥哥拉着父母的衣襟，弟弟牵着父母的衣裙；吃饭在一张桌上，哥哥穿过的衣服给弟弟穿，用过的书籍弟弟接着用，长大了也一起远游。即使有违逆愚顽的行为，也不能不相互敬爱。

【道理】

兄弟同心，其利断金。

阿豺折箭

北魏时期，中国西北方兴起了一个叫吐谷（yù）浑的国家。首领慕容阿豺生了重病，打算将国家大事托付给身后人，于是他召来自己的二十个儿子，又叫来同母异父的弟弟慕利延。

阿豺对慕利延说："你去拿一支箭来，把它折断。"慕利延不费吹灰之力就把箭折为两截。阿豺又说："你再去拿二十支箭来试试。"慕利延这次涨得面红耳赤，怎么用劲也折不断手里的一把箭。

阿豺缓缓地对弟弟和孩子们说道："人就像这箭，如果只是单独的一支，很容易被摧折打垮；然而众多的箭合起来就难以被摧毁。你们只有戮力同心、互敬互爱，才能真正变得强大、坚不可摧；也只有这样，才能保证我们的江山社稷长久稳固啊！"

清·高其佩《松鹰图》

兄弟不睦，则子侄不爱；子侄不
爱，则群从疏薄；群从疏薄，则僮仆为
仇敌矣。

【注释】

群从：同族子弟。

【译文】

兄弟之间不和睦，那么子侄之间就不相亲相爱，子侄间不相互爱护，远近的亲戚之间就更加疏远淡漠，那么各家的僮仆也可能成为仇敌。

【道理】

兄弟阋于墙，外御其侮。如果自私到连兄弟之间的感情也不愿维系，几乎就等同于众叛亲离了。

兄弟之争

魏文帝曹丕当上皇帝之后，怕地位不稳，对自己的几个兄弟很是猜忌，费尽心思想除去他们。

任城王曹彰骁勇善战，立下过赫赫战功，一直深受曹操的赞赏。不能明着把他杀掉，于是曹丕想出了一条毒计。他邀请曹彰到母亲卞太后的小阁和自己下围棋，并让人端上新鲜的枣子和兄弟共享。枣子里混杂了一些掺了毒药的枣，这些毒枣都做有标记。任城王曹彰不知道其中的玄机，把有毒无毒的枣一起吃了。

曹彰中毒之后，卞太后非常着急，连忙去找水救他。没想到曹丕事前就让心腹捣毁了汲水的罐子，太后跑到井边，却只能眼睁睁看着破罐子，没有一点办法。曹彰很快就毒发身亡了。这件事情过了不久，曹丕又要向东阿王曹植下毒手。卞太后向他哭诉说："你已经杀了我的儿子曹彰，不能再杀我的儿子曹植了！"

幸亏，曹植凭"七步成诗"机敏地躲过了曹丕的陷害。

在这种手足相残的宫廷斗争的影响下，魏朝只持续了四十多年就走到了尽头。

晋·顾恺之《洛神赋图》（局部）
此图是根据曹植名篇《洛神赋》绘制的长卷。

今有施则奢，俭则吝；如能施而不奢，俭而不吝，可矣。

【注释】
略。

【译文】
现在有些人富足时，施舍他人就很奢侈铺张；条件相对艰苦时，对人就吝啬。倘若施舍不铺张，节俭而不吝啬，就好了。

【道理】
凡事都应该有节制，有限度。

过犹不及

北魏时期，孝文帝的弟弟高阳王元雍，生活相当奢侈浮华。他喜欢美食，常常花大价钱去追求人间美味，一顿饭吃下来至少要耗费数百万钱，桌上的珍馐要摆一丈见方，菜品也异常丰盛：天上飞的珍禽，海里罕见的游鱼……道道佳肴让人目不暇接。

陈留侯李崇很看不起元雍的铺张浪费，不屑地对人说："高阳王一顿饭所用的钱，都可以抵我一千日的花销了！"李崇和元雍截然相反，是个相当吝啬的人。他同样富甲天下，可是他无论是对自己还是对下人都吝啬苛刻，穿的衣服破了补、补了破，吃的菜常常只有便宜的韭菜——炒韭菜和腌韭菜。他幕下的宾客李元祐忍不住向别人说："李令公一顿饭要吃十八种菜！"他人很纳闷，就问道："李令公连肉都舍不得吃，怎么可能会一顿饭吃十八种菜啊？"李元祐笑了笑说："二韭（谐音'九'）一十八嘛！"在场的人听了都哈哈大笑，无不摇头喟叹。

清·陈书《松菊图》

> 父不慈则子不孝，兄不友则弟不恭，夫不义则妇不顺矣。

【注释】

略。

【译文】

父亲不慈爱，子女就不孝顺；兄长不友爱，弟弟就不恭敬；丈夫不仁义，妻子也就不顺从。

【道理】

父子、兄弟、夫妇对个体来说是最重要的人际关系。相处得好，可谓"家和万事兴"；相处不睦，则"祸起萧墙"，甚至还可能会影响到一个人的社会关系。

骊姬之乱

晋献公晚年宠爱骊姬和幼子奚齐，想要废掉太子申生。骊姬担心太子年长，羽翼已成，难以对付；另外两个公子重耳和夷吾也各有势力，于是她精心策划了一场阴谋，欲将太子和诸公子置于死地。

骊姬对太子申生说："昨夜君王梦见了你的亡母齐姜，你应该去祭奠她。"申生就前往旧都曲沃祭奠。申生回来后把祭过的酒肉献给晋献公，恰逢晋献公打猎外出，骊姬便把祭品放在宫里。六日之后，献公归来，骊姬在酒肉里投毒后再端上来。献公不小心碰翻碗盘，酒洒了出来，地就拱起来，狗吃了掉到地上的食物，倒地死了。骊姬在一旁哭道："原来太子怀有弑父的心啊！"晋献公大怒，要问罪于申生。申生出逃到新城，臣子们劝他为自己辩解。申生说："我要是辩解了，骊姬就会获罪。父亲没有了骊姬，会吃不好睡不好。父亲已经老了，我不能让他不快乐。"于是申生放弃了辩解，自杀了。

骊姬再对献公进谗言，迫使重耳和夷吾逃亡别国。骊姬如愿以偿，奚齐被立为太子。

晋献公死后，骊姬和奚齐失去了靠山，很快被权臣杀掉，晋国大乱。因为父子、兄弟之间的嫌隙而造成的这出悲剧给整个国家带来了长时间的战乱，这是值得后人深思的。

宋·刘松年《四景山水图——冬》（局部）

> 父母威严而有慈，则子女畏慎而生孝矣。

【注释】

略。

【译文】

父母威严而又慈爱，子女才会敬畏谨慎而愈加孝顺。

【道理】

父母对子女的严格是爱的另一种表现。做子女的能体会到父母的苦心，就更能明白孝顺的含义。

伯俞泣杖

汉代的韩伯俞侍奉母亲非常恭顺。因为母亲对韩伯俞的要求非常严格，只要看到他犯错，无论错误大小，都要鞭笞他以示警戒。

有一次，韩伯俞在无意之间犯了个小错，做母亲的拿起棍杖就开始责罚。打着打着，韩伯俞突然哭了起来。母亲非常奇怪，问："我平时打你，你从来没有哭过。今天怎么哭起来了，难道怪我对你太严厉吗？"韩伯俞非常伤心，一边抽泣一边回答道："平日犯错母亲打我的时候，我感觉非常痛；今日打在我身上，我感觉不到痛。这才明白原来是母亲已经年老力衰了啊！"

韩伯俞能够体会到母亲严厉的处罚虽然给自己的身体带来了疼痛，但背后隐藏着母亲浓浓的爱意和良苦用心；并且，伯俞能反过来从细微之处关心母亲的身体。
这正是子女纯孝的表现啊!

清·沈荣《延年益寿》

人之爱子，罕亦能均；自古及今，此弊多矣。贤俊者自可赏爱，顽鲁者亦当矜怜。有偏宠者，虽欲以厚之，更所以祸之。

【注释】

矜怜：爱怜，抚慰。

【译文】

人们对自己孩子的爱，也很少能做到完全均等。从古至今，这样导致的弊病太多了。聪明俊美的孩子理所当然得到父母疼爱，而顽皮鲁钝的孩子也应该得到父母的怜爱。偏爱一个孩子，看起来是对他好，其实是给他埋下祸患。

【道理】

不患寡而患不均。父母、长辈、老师或领导应该尽量做到对子女、晚辈、学生、下属等而视之。

郑庄公与母亲

郑庄公出生时，母亲武姜因难产而受到惊吓。她觉得这个孩子不吉祥，非常厌恶他，于是给他取名叫"寤（wù）生"。武姜偏爱小儿子共叔段，希望他能继承王位，但这个提议没有得到郑武公的允许。

庄公继位后，武姜就替共叔段请求分封，庄公便把京城城邑赐予共叔段居住。大夫祭（zhái）仲对庄公说："您这样做有悖于先王的制度，以后会很麻烦的。"庄公说："母亲想要这样，我不能忤逆不孝啊！"祭仲说："姜氏的欲望没有满足的那天呀！主公要遏制这个势头，不要让野心滋蔓了。蔓草清除起来尚且很难，何况您的宠弟呢？"郑庄公说："多行不义必自毙。你就等着看吧。"

共叔段暗中不断扩大自己的势力，收买民心，操练士兵，最后打算偷袭国都，实行政变。而武姜许诺为小儿子开启城门，里应外合。这个消息被郑庄公提前得知后，他立刻派出军队攻打共叔段。在王师面前，共叔段的士兵纷纷叛变投降，最后共叔段流亡到他国去了。

郑庄公把母亲安置到颍这个地方，发誓说："母子既然恩断义绝，不到黄泉，我们不再相见。"

清·王翚《仿古山水图四段卷》（之四）

俗谚曰："教妇初来，教儿婴孩。"

【注释】

略。

【译文】

俗谚说："调教媳妇，要从她刚进门的时候开始；教育小孩，要从婴儿时期开始。"

【道理】

教育应越早越好。在儿童认知的第一个阶段就打下良好的基础，今后的教育就更易收到事半功倍的效果。

陆绩怀橘

三国时期的吴人陆绩，六岁时去九江玩，随大人拜见了袁术。袁术见小孩子很可爱，就让人拿出橘子款待他。陆绩一边吃，一边偷偷藏了三个橘子在衣袖里。临行时，陆绩来到袁术面前，毕恭毕敬地作揖告辞。不料他一弯腰，几个橘子就骨碌碌从衣袖中滚落到地上。周围的人面面相觑，都为这个小孩子感到难堪。

袁术大笑问道："陆郎这是为何呢？"陆绩跪在地上回答说："此橘非常甘甜，我想把它带回去给母亲吃。"袁术很感动，但正色道："小小年纪就知道孝顺父母，十分可贵。但不告而取视为窃，不可为。你若真想让母亲吃到甘甜的橘子，大可对我直说啊！"说罢，袁术便让仆人挑了些个头大的橘子，包好交给陆绩。

陆绩非常羞愧，为自己的鲁莽行为道了歉。从此之后，陆绩在生活学习中，处处遵循礼法，不再做越矩之事。成年之后的他博学多识，深受吴国重臣张昭等人的重视，官至太守。

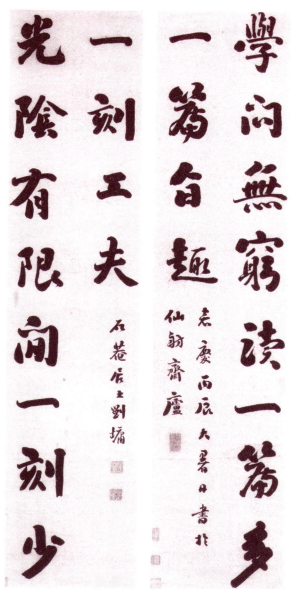

清·刘墉《行书十二言》

> 夫有人民而后有夫妇，有夫妇而后有父子，有父子而后有兄弟；一家之亲，此三而已矣。

【注释】

略。

【译文】

普天下的百姓，男女结为夫妇，有夫妇之义，后有父子之情，再后有兄弟之谊。一家人的关系，就在这三点。

【道理】

家庭是社会最基本的元素。家庭和睦，社会和谐才有保证。

芦衣顺亲

闵子骞是孔子的弟子，以孝知名。在很小的时候，闵子骞的亲生母亲就去世了，父亲再娶，可继母对他很不好。冬天的时候，继母给自己的两个孩子穿的棉袄里填棉絮，非常暖和舒适；而给闵子骞穿的棉袄里填芦花，既轻薄又透风。闵子骞默默忍受着寒冷，从不抱怨。直到有一天，父亲外出时让他驾车，屋外冰天雪地、寒风怒号，闵子骞冻得连缰绳都拿不稳。父亲认为他懒惰，就鞭打他。这时候，衣服被抽破了，里面的芦花飘了出来，父亲这才知道是后妻虐待闵子骞，而自己错怪了儿子。

父亲回到家里就要休掉后妻。闵子骞阻拦他说："继母在的时候，只有我一个人寒冷，要是父亲把继母赶走了，就要留下三个孤单

寒冷的孩子啊。"继
母听到这话，又感动
又悔恨。从此之后她
改变了心意，对待闵
子骞就像对待自己的
亲儿子，一家人和和
睦睦地生活在一起。

宋·佚名《孔门弟子图》（局部）

有仁无威，导示不切。

【注释】
　　略。
【译文】
　　只有仁慈而无威严，其教导和

指示就很难达到效果。
【道理】
　　好的教育者应当和颜悦色，但同时具有威信。

滴水石穿

　　宋朝名臣张咏在被任命为崇阳县令之后，想在当地的官府重振清廉之风。一天，他看到管钱的小吏偷了一枚铜钱藏在头巾里带出库房。张咏就把这人叫过来问话。

　　小吏言语闪躲，始终不能自圆其说，只好承认自己拿了钱库的一枚钱。张咏耐心地对他讲明道理后，便下令让两旁的官差把他拖出去杖责，以示教训。不料小吏非常不满，昂起头向张咏挑衅道："一枚小钱有什么了不起的，你居然杖责我？我就不觉得自己做错了，你能把我怎么样，难道还能把我杀了不成？"

　　张咏一听这话拍案而起，马上提笔写了一封判决书："一日一钱，千日千钱；绳锯木断，水滴石穿。"随即拔剑杀了他。周围的人非常震撼，明白了再小的贿赂和贪污最后都会酿成大错，给自己和国家带来巨大的损失。从此，官衙里人人谨慎，不敢轻易以身试法，当地的官场风气得到了极大的改观。

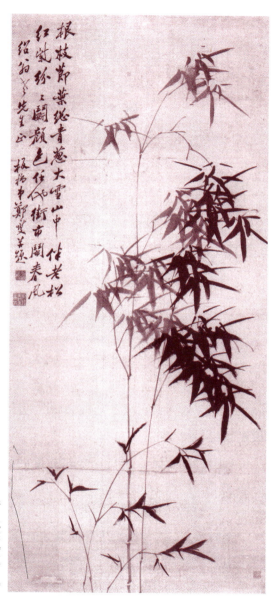

清·郑燮《墨竹图》

恕己而行⊙况以行路之人，处多争之地，能无间者，鲜矣。所以然者，以其当公务而执私情，处重责而怀薄义也；若能恕己而行，换子而抚，则此患不生矣。

【注释】
　　略。

【译文】
　　陌生人如果陷入利害关系里，彼此能毫无嫌隙、亲密无间几乎是没有的。之所以会这样，是因为当他有权柄行公务的时候，会优先考虑到自己的私情和利益；担负着重要的职责，却缺少一颗公义正直的心。如果能以忠恕仁义之道勉励自己的行为，能够交换彼此的孩子抚养，这般祸患就不会产生。

【道理】
　　处在纷争之地，要有一颗能推己及人的仁爱之心和天下为公的公正之心。

腹䵍大义灭亲

　　战国时期墨家学派有个非常有学问的人，叫腹䵍（tūn）。他的儿子杀了人，被捕入狱。秦惠王听闻后，对腹䵍说："老先生，您德高望重，年纪又那么大了，只有这一个孩子，我决定不处死他。"

　　腹䵍摇摇头，拒绝道："墨家有条律法是：'杀人的要以死抵罪，伤人的要判处肉刑。'对他人生命的尊重，是天下的大义。现在大王虽然赐给我的孩子这样的特权，但是我不能不遵守墨子的诫律，更不能破坏社会公义。"

对自己的子女，人难免怀有私心。能够舍小我而行大义之举，腹䵍真可以算是天下为公的表率了。

明·文徵明《溪桥策杖图》

勤学如春起之苗，

不见其增，日有所长；

辍学如磨刀之石，

不见其损，日有所亏。